常人如同细菌一样浮游于世，随风飘荡。智者掌握生命智慧，决定命运。

不悲过去 不贪未来

萧文鹏／编著

中国长安出版社

图书在版编目（CIP）数据

不悲过去　不贪未来／萧文鹏编著．—北京：中国长安出版社，2014.5

ISBN 978-7-5107-0717-9

Ⅰ.①不… Ⅱ.①萧… Ⅲ.①人生哲学－通俗读物
Ⅳ.①B821-49

中国版本图书馆 CIP 数据核字（2014）第 097457 号

不悲过去　不贪未来

萧文鹏　编著

出版：中国长安出版社

社址：北京市东城区北池子大街 14 号（100006）

网址：http：//www.ccapress.com

邮箱：capress@163.com

发行：中国长安出版社　　全国新华书店经销

电话：010-85099947 85099948

印刷：北京欣睿虹彩印刷有限公司

开本：1/16

印张：15

字数：200 千字

版本：2014 年 8 月第 1 版　　2014 年 9 月第 1 次印刷

书号：ISBN 978-7-5107-0717-9

定价：32.00 元

前言

PREFACE

随着时代的发展，人们的物质生活变的越来越丰富。而物欲、纷争和困惑也随之填满了整个世界。很多人在这个世界中迷失了自己，困在欲望的迷宫中寸步难行。于是，如何才能找到我们人生的方向并悠然前行，是许多人迫切需要得到解决的一大难题。

而就在我们不知所措时，有一种声音穿透茫茫人海，来到了我们的身边，让我们能够静下心来仔细聆听世界，悠然掌控人生，这个声音就是禅音。

禅能够启发我们的智慧，引领我们走出心灵的泥潭；禅能够帮我们解开迷惘，把我们从困惑中解救出来；禅可以帮助我们开阔视野，让我们不再局限于狭小的空间；禅可以锻炼我们的意志，让我们能够经受住人生中的各种挫折；总而言之，学习禅法，可以让人更加安定、祥和、智慧、纯净，而这些正是生活在俗世中的我们最需要的几点特质。

常人如同细菌一样浮游于世，随风飘荡。只有智者才能够掌握生命智慧，决定命运。《不悲过去 不贪未来》这本书正是一本指导人们如何掌握生命智慧的书。它将禅理蕴藏在一个又一个简短有趣的佛学小故事当中，教会人们如何去追求爱，追求财富，追求信念，通过这本书，我们能在获得阅读快感的同时领会禅修的精髓，并且获得幸福的智慧。

书中详尽地指出当今人类所面临的问题和困惑，比如人产生烦恼的根源是因为“我执”，放不下、解不开的是“虚妄”，抹不掉、甩不开的是“心锁”。而在这个浮躁、迷茫又冷漠的世界里，本书将带领着我们走进自己的内心深处，发掘内心的恐惧、烦恼和困惑，并带领我们去追寻解决的方法，体会存在于宇宙之中的大智慧，在一呼一吸之间发现自己存在的价值。

本书精选了大量富有智慧的佛学理论与故事，透过这些故事，可以让读者感受到我们生活中的影子，并用这些影子与现代社会的生活困惑相联系，用智慧的禅语和深沉的思考，讲解人生必须要知道的智慧法门。不仅如此，书中活泼的语言，独到的见解，都会令人感觉耳目一新，让我们在快乐阅读、享受书本的同时，领悟出人生的智慧和禅修的魅力。

当我们感到失意时、失落时、困惑时、难过时可以随手翻起这本书，他一定会给你温柔的抚慰；而当我们兴奋时、得意时、骄傲时、张狂时，也可以拿起这本书，他会给你严肃的警醒。而且我们完全不必刻板地从第一页看起，随便翻到哪一章，都会像是一杯温暖而清香的茶，细细品味，便能得到心灵的慰藉。

我们根本无需担心禅理太过深奥，其实每个人心中都有一颗禅的种子。当遇到适合的土壤，这颗种子就会在我们的心中生根发芽，开出智慧的花。或许这本书并不能帮助我们修成正果，但是它可以将你心中的种子唤醒，而这，便是结下了一份善缘，种下了一丝禅意。

只要我们的心中有禅，就能够平和地看待人生；只要我们心中有禅，就能在滚滚红尘之中站稳自己的双脚，洁净自己的灵魂；只要我们心中有禅，那些生活中的欲望、纷争就再也无法给我们带来烦恼和困惑。

谨以此书献给：

正在奋斗中的有志之士；

迷失方向的职场菜鸟；

身体处于亚健康状态的广大人群；

修身齐家的主妇一族；

想要逃离浮躁与疲惫、正在通往内心之路的启蒙人士

……

愿这本书能给你们带来心灵的庇护和生活的幸福！

目录

CONTENTS

第一章　提放自如，得大自在

若凡事以“我”为主，就产生颠倒、自私、执着，种种挂碍，处处攀比，如果让这些不净的东西把心堵住了，你能欢乐、自在吗？不能！只能徒添烦恼。所以修行人要做到提放自如，不畏牵挂，而也只有这样才能有一颗欢乐的心、欢喜的心、光明的心、自在的心。

放下“我执”，烦恼自除

佛法中讲到：“世间诸灾害，怖畏及众生，悉由我执生，留彼何所为？”这句话的意思是说，这世间所出现的种种战争、瘟疫、灾害，以及使众生心生出各种恐惧、害怕的根源，都在与“我执”。佛曾说，一切众生皆有如来相，但以妄想执着而不得。众生执着于“我”，所以就会将自己身边的一切都用为自己服务。我的身体、我的食物、我的衣服、我的房子，我要吃好的、喝好的、穿好的、住好的。殊不知，这个“我”是假我，假我由缘生，随缘灭。真我则是不生不灭，一直存在的。既然我们已经知道世间这些烦恼、忧苦都由“我执”而生，那么为何不能抛开“我执”，非要留着它呢？

所以佛法认为，一切执著的根本都源自“我执”，“我执”越重，人的烦恼就越多，而烦恼多的人，痛苦也就越深。因为拥有“我执”的人往往会特别在意自己，以及自己所拥有的一切。我们原本就是人世间的一个过客，却反以为自己是这个世界的主宰，觉得世界上的东西都是我们的，一旦有哪些是我们得不到的就会在心中生出诸多烦恼。

林夕在《原来你非不快乐》一书中说到：“所谓心事，不过是不如己意，那就是我执，执著于自己描画的理想，一有落差，即生烦恼。”我们总是设想着会有什么样的事情发生，什么东西应该是属于我们的，当事情没有按照我们的设想发生，东西没有属于我们时，我们就开始坠入痛苦的海洋。倘若我们能够放开“我执”，不再执着于追求“我”、“我的”，也就不会被“我执”而束缚，更会发现过去很多事情的担心，都不过是庸人自扰罢了。

从前有一只快乐的兔子，就曾因为“我执”，而深感痛苦。

这只兔子每天不愁吃，不愁喝，生活过得快乐而自由，他最喜欢的事情就是晚上躺在宽广无垠的草地上观赏夜空中的月亮。

每当月圆时，他都会兴奋地告诉周围的小动物：“快看呀，今天的月亮可美啦，像一颗精美绝伦的夜明珠挂在天上，有了它晚上也变得如此明亮。”等到月亮成为弦月，兔子依然会高兴得呼朋唤友前来观看：“你们快来呀，快看月亮多细多弯，像一艘弯弯的小船，也许嫦娥正坐着它到处游玩呢。”即使赶上哪一天没有月亮，他也仍然感到开心：“你看看，月亮不在的时候，小星星就会一闪一闪地出来和我见面啦!”或者是，“星星和月亮今天休息，看到那一大朵云了吗？那就是它们躲在被子里睡觉啦。”

天上的神仙每天都能看到这只兔子，大家都觉得这只快乐的小兔子如此喜欢月亮，那么干脆就把月亮送给他吧。于是，一个天神来到兔子身边，告诉他说：“看你如此喜欢月亮，神仙们决定将月亮送给你。”兔子听完高兴得简直不敢相信：“这么说，从今天起月亮就是我一个人的了？”天神回答说：“是的，以后它就是你的了。”兔子现在简直要幸福得晕过去了，那么美丽的月亮，从今天起就属于他了！

神仙们原本以为小兔子一定会过得比以前更快乐，然而事情并不是这样的：

自从月亮属于兔子之后，兔子的生活完全变样了。以前他每天都能够悠闲自得地欣赏月亮，可是现在他根本没有办法这样做。他总是盯着月亮，心中想着："这是我的月亮！是属于我一个人的月亮！"于是当乌云来临时，他担心会有人趁他看不到月亮的时候将月亮偷走；而当月亮由圆转缺时，他又心疼得好似谁抢了他的珍宝。总之，之前能够让他欢心跳跃的月亮，现在却成了巨大的包袱，他不能允许他的月亮被别人偷走。这让他无法平静下来，无法再像从前一样快乐的生活。

直到一天，兔子再也不想过这样的生活，他问身边的大树："大树爷爷，我以前非常非常喜欢月亮，看见它我就会很快乐，可是为什么现在月亮是我的了，我反而过得不快乐呢?"

大树回答说："那是因为你总是想着：这是我的月亮!"

兔子恍然大悟，他乞求神仙把月亮收回去，他不想再拥有月亮，他希望还是像以前一样快乐地生活。于是神仙收回了月亮，兔子再也不去想"月亮是我的"这样的蠢事了，终于他又回到了当初快快乐乐地赏月生活。

现实生活中，我们有很多人都犯过跟兔子一样的错误，我们把所有的东西贴上我们的名字，我的车子，我的位子，我的朋友，我的恋人，我的财产等等，我们把他们当作是自己的"私有财产"，整日担心来担心去。朋友、恋人与他人关系过好，我们会心生烦恼；金钱、地位受到别人的威胁，我们会担心害怕。可是试想一下，如果我们不把他们贴上"我的"标签，那么我们还会有这么多的担心和害怕，烦恼与忧愁吗？当然不会。这就好比我们打算买一辆汽车，在汽车没有属于我们之前，它能跑多远，马力多大，安全保障如何，我们都不会去关心。然而一旦我们买下了它，那么这辆汽车就贴上了"我的"标签，它的任何问题和变化都会牵动着我们的心。一旦它出现问题，我们就会觉得烦恼不已。

由此可见，我们心中的种种烦恼和困扰，都来自我们的"我执"之心。"我执"之心，让我们将我们的标签贴到每一件事物上，然后干扰我们对这些事物做出正确的抉择。使得原本我们不该烦恼的，却偏偏觉得很烦恼。

只有放下“我执”之心，才能够透过虚幻看到真我的存在和事实的真相。当我们抛开了“我执”的困扰，世间的一切变化就能够了然于心，我们不再痴迷于自己的掌控，而是能够静下心来接受客观规律的变化，驱散心中的乌云，还原生命应有的碧海蓝天。

放下，才能轻松自在

这个世界上的每个人都是赤条条地来，最后光溜溜地走。人生是上天赐予我们韶华享受的一场旅行，在这旅行中我们接触到的、享用过的、负担过的、亏欠过的都是我们生命之外的东西，这所有的一切我们都只有使用权而没有所有权。但有太多人想不明白、看不清楚，他们个个身负重担，匍匐前行。孩子被名次、分数套牢，失去童年；大人被房子、车子套牢，迷失方向。放下成了人们最最需要的修行，一念放下，万般自在。也只有放下我们才能承担更多，我们才会走得更快，走得更远。

从前有一个乞丐想告别乞讨的生活，却无论怎么努力都无济于事，于是他决定去西天向佛祖问个究竟。他一路乞讨经过一个员外家，员外知道他的去处和目的之后便给了他很多银子和干粮托他问问佛祖为什么他的女儿16岁了还不会说话，并发誓谁能让他的女儿说话，就把他的女儿许配给谁，他答应了下来。

乞丐又走很久，在一个庙里遇到一个拄着锡杖的老和尚，那老和尚虽然很老，但精神很好，修行了500多年还迟迟没有升天，他知道乞丐的去处和目的后拜托乞丐问问佛祖这是何原因，他答应下来。

乞丐又经历沟沟坎坎，来到一条大江边，正在发愁无法渡江时，一个大海龟浮出水面，那是一只修行了1000多年早该成龙飞走的老龟，它知道乞丐的去处和目的之后便答应把乞丐驮过江面，并拜托乞丐代他禀报佛祖，他又答应下来。

乞丐历经艰险，终于如愿以偿，见到了佛祖。但佛祖告诉他只能回答三个问题。乞丐左右为难，自己历经艰险就是想问自己的命运，可员外的女儿着实可怜，老和尚500年的修行着实辛苦，老龟苦等千年感人至深，无论哪一个他都不忍心放弃，于是乞丐只好放下自己的问题，分别代替员外、老和尚和老龟问了佛祖。佛祖告诉乞丐：老龟因为放不下藏有夜明珠的龟壳所以不能成龙；而老和尚放不下扎地开泉的宝贝锡杖因此无法升天；哑巴女孩只有见到她的心上人才能开口说话。

乞丐得到答案后心想，自己和他们比起来真是幸运多了，于是忘掉自己当乞丐的烦恼，踏上归程。老龟早已在江边等着乞丐，乞丐将佛祖的话传达给了老龟，老龟将龟壳下的夜明珠赠与了乞丐后腾身成龙。乞丐拿着夜明珠又来到寺庙告诉老和尚个中缘由，老和尚当即把宝贝锡杖赠与了乞丐，然后驾云飞走。最后，乞丐来到员外家，员外的女儿见到他便开口说话，而员外也履行当初的诺言把女儿嫁给了乞丐。

爱出者爱返，福往者福来。你能为他人着想，他人才会想着你，放下自己，才能成就自己。我们要学会放下，放下执着，放下欲望，放下观念，放下习惯，我们才会得到万般自在。

放下过去，我们才能更好地享受现在，更好地迎接未来。那个挑着瓷碗摔碎了头也不回的老人用他简单的言语教会我们生活的真理："回不回头，看与不看，碎碗还是碎碗。"只有放下过去的事情，未来的生活才会没有负担。

放下是一种智慧，放不下就得不到解脱。很多时候放下芥蒂、放下成见我们会变得更加坦然，记恨别人是在伤害自己。原谅他人我们才会收获一份豁达。老和尚和小和尚一起下山化缘，遇到一女子想过河而不得时，老和尚出手相助背女子过了河。与小和尚一起继续赶路。走了很久小和尚终于忍不住问老和尚：“师父你教育我们不要近女色，而你怎么还背女人过河?”老和尚叹道：“我背她不是因为她是女人，而是因为她无法过河，况且我早已放下，你却走了一路还放不下!”人生在世，要像老和尚那样不拘小节，要懂得适时地放空自己。小和尚的纠结就是因为他不懂得放下，放不下是不懂得原谅，是用别人或者自己的过失一直折磨自己。

天空很大，但在眼前用一只手就可以遮住整个天空。生活的烦恼和消极的情绪就像一只手掌，无论天空多么晴朗、多么美好，若放不下那只手掌，烦恼就永远遮挡所有的美好。放下是对自己的救赎，放下是给自己更多的可能，无论遇到什么，只有懂得放下才会有柳暗花明的可能。

人生在世总会有一些过错，总会有一些敌人，总会有一些顾虑，总会有一些烦恼，这些糟糕的经历和消极的情绪不知道在什么时候就会冒出来，我们改变不了这一切，但我们能改变对待它们的态度。

一个杯子不能改变自己的容量，它能够经历多少水的风采就取决于它放空自己的速度，接受所有的注入，不吝啬对外的流出，它才能时刻拥有精华，才能有饱满的生命。人生也是一样，从小到大我们都在做“加法”，吸收知识、增加阅历、积累经验，这个过程中有很多东西是不好的，影响我们的，我们必须懂得放下，保持一颗空杯的心态。经历是“加法”，而放下是“减法”，“加法”是学习，“减法”是修行。道德经有云：为学者日益，为道者日损；损之又损，以至于无为；无为而无不为矣。

我们要明白人生的真谛，用积极的态度对待生活，努力吸收对我们有益的东西，对我们没有好处的东西我们要及时放下。只有做到收放自如，人生才能完美。拿起，踏实；放下，自在。

心在当下，才能安详

过去已经过去，未来还没有到来。过去无论多么不堪，无论我们怎么悲愤都无济于事；未来即便美好，即便我们贪图未来，未来也只是在生命的前方静静地等待；过去和未来都被时间掌控。

悲过去，贪未来对我们的生命毫无意义，这样做只会让我们忽视当下的生活。佛祖告诉我们人生幸福的真谛就是“活在当下”。对过去的追悔和对未来的担忧是我们本不必担着的重担，可是有太多人累倒在过去和未来的重担下而从未尝试过担起现在。他们不知道只有把过去和未来抛开，才能够得到真正的快乐。

卢梭作为大作家和大思想家，不但给我们留下了举世闻名的著作，更用他自己的亲身经历给我们上了一堂人生哲学课：那就是不悲过去，不贪未来。

22 岁的卢梭还是一个名不见经传的小伙，那一年他经历了订婚的喜悦，也经历了莫大的羞辱，他的女朋友在订婚典礼上向他提出了分手。沉浸在幸福中的卢梭瞬间变得呆若木鸡，无地自容，所有人的祝福更像是讽刺。好事不出门，坏事传千里，卢梭在订婚典礼上被女朋友抛弃的事情很快传遍了整个小镇，这让卢梭下定决心离开家乡。

卢梭就是从那时开始的流浪，他历经瑞士、德国、法国，再回到家乡的时候已经时隔 30 年。30 年让一个小伙变成了鬓角发白的老人，30 年让名不见经传的年轻人变成了享誉欧洲的文学家和思想家。

当有人提及当年订婚的女朋友时，卢梭的言语之间并没有任何沉重和怨恨。相反，当他得知当年抛弃他的女朋友现在的生活过得特别贫困潦倒时，不仅没有表现出幸灾乐祸，反而是拜托自己的朋友去帮助和接济她。因为怕女朋友知道是他之后不肯接受，所以他请朋友一定不要说出是自己在帮助她。

卢梭不但对当年的女朋友没有怨恨，还以德报怨，这一举动让朋友很是诧异和不解。卢梭解释说："即便过去是有怨恨现在也早已释怀，如果抱着怨恨，那怨恨就会时刻包围在左右。生活也会因此而变得糟糕，怨恨就像死老鼠，给别人带去臭味的同时也熏着自己，对待怨恨的最好办法就是丢掉怨恨。"

过去的伤痛就让他过去，背负悲愤不但伤害别人也会伤害自己，只有放下和宽容才是对待过去的正确方式。卢梭用行动诠释"不悲过去"，我们要懂得人生在世要学的豁达和随缘。

对未来我们要做到不妄取，不贪求，现在的人们被欲望操纵，从不知道满足。而对于现在从不重视，根本就不知道活在当下的重要意义，这个故事肯定能够引起大家的深思：

因为地狱人口危机，地狱上演了一场关于如何增加地狱人口的商讨会，阎王、牛头、马面、鬼王纷纷参加，阎王把问题抛给大家，让大家集思广益把地狱的人口增加作为第一要务。牛头和马面一个提议告诉人类没有天堂，一个提议告诉人类没有地狱，目的是让人类尽情纵欲、放弃良心。这都让阎王摇头否决。鬼王的意见得到了大家的认同，他告诉人类："放心吧，还有明天"。他的意见被实施后，地狱人口果真多了起来。

这个故事确实值得我们深思，有多少人因为还有明天而从不在乎今天。因为有明天，人们得以放松自己，因为有明天人们给了自己犯错误的机会，因为有明天，人们懒得在今天改变错误，因为有明天，人们可以在今天放弃良心，因为有明天，人们可以在今天尽情纵欲。殊不知"明日复明日，明日何其多，事事待明日，万事成蹉跎"。贪求未来让我们内心被希望绑架，希望的伪装下是诱惑，贪求未来只会让我们的路越走越窄，我们要想每一天都活的精彩，那就要活在当下把握现在，相信未来，但不贪求未来。

过去和未来是阻碍我们看到现在的最大障碍，过去和未来是我们本不必承担而承担的重担，过去和未来是我们失去快乐的祸害根源。佛说"不悲过去，不贪未来，心在当下，由此安详"。

追悔过去，会让过去的悲痛伤害现在，人生中伤痛不可避免，只有有伤痛的人生才是完整的人生，但我们必须学会避免执着于伤痛，哭了、笑了也就过了，跌跌撞撞也是过去的。妄求未来，会让虚幻的美好迷住现在的眼，未来固然美好，但未来会在当下之后到来，我们的人生仅有过去和未来也是残缺，重要的是抓紧现在，享受现在。

我们每个人都要学习高僧禅定的诀窍，因为只有学习高僧，我们内心才会获得一份笃定和安详。让我们从内心体会"不悲过去，不贪未来"，那就是过去的就让它过去，不要再去追寻；未来的静心等待，不去提前预知。放弃过去的悲痛，淡泊对明天的期盼，不偏执当下的想法，让一切顺其自然，心灵自然虚空，内心自然平静快乐。

贪病还需舍来医

很久以前，一位哲人曾经说过："我们生活在大自然当中，大自然可以让我们每个人的需求都得到满足，然而即使是如此有能力的大自然也无法满足我们内心的贪欲。"中华五千年的文化证明，一个国家，如果人民只求温饱，那么这个国家一定是一个国泰民安的太平盛世。然而如果人们心中有了欲望，那么这个国家就一定不会太平，不仅如此人们的生活也会充满了欲望的挣扎和痛苦。

佛陀也曾说过："贪多业亦多，取少业亦少，万般苦恼事，除贪一时了。"世间的很多的痛苦和烦恼都来自人们的贪欲。看看我们现在的世界和我们周围的人，当我们拥有避身之所时，贪欲让我们想拥有别墅；当我们粗茶淡饭时，贪欲让我们需要山珍海味；当我们有了自行车代步时，贪欲让我们想要汽车；当我们安心于自己的职位时，贪欲让我们极力往上爬……于是我们原本衣食无忧的生活，无论如何也无法满足我们的内心。我们的欲望不断地催促着我们索取，当我们的贪欲没有得到满足时，我们就会变得痛苦、困惑，生活过得不幸福，究其原因就是人的贪欲在作怪。

人要想除去这种痛苦和困恼，首先要做的就是戒除贪欲。然而贪欲并不容易驱除。我们有句俗话说的好："心病还须心药医。"只有对症下药才能够治好我们的"贪"病。而对付"贪"病，最好的药就是"舍"。这个"舍"是舍得的"舍"，只有舍弃我们所贪求的，我们的病才能够治愈。

关于"舍"，星云大师也有自己独特的见解，他曾说：一个人如果懂得了舍，在看到他人需要帮助时，能够很快乐地将自己的所有施舍给他人，那么这个人自然不会得"贪"这样的病。而一个已经有了贪欲的人，如果肯用"舍"来改过的话，他的病自然也会很快痊愈。比如说，把依靠自己劳动挣来的钱用来奉养父母，教育子女，施住与贫苦孤病者，或者捐赠到福利院。当人舍的多了，内心的贪欲自然就少了。这样不论我们处在什么样的境地，我们的心灵都是自由而快乐的。

倘若我们无法做到舍，那么必然会有所失。内心的欲望会让我们的贪婪之病越来越严重，如果一直不去治疗，最终甚至会要了我们的命。

列夫·托尔斯泰曾经写过一篇名叫《一个人需要多少土地》的小说，小说中讲述了这样一个故事：

村子里有一个名叫帕霍姆的农夫，他是个出了名的贪婪鬼。平日里经常贪图别人的小便宜，尤其是对土地更是斤斤计较。他经常因为争夺土地而跟其他人打架，背地里大家都说他是个贪得无厌的人。

有一天，大家都聚在村口聊天。这时村子里最富裕的大地主过来了，他看见帕霍姆也在，就跟他说："嘿，帕霍姆，我跟你商量一件好事吧。"帕霍姆感到很吃惊，问道："什么好事？"

大地主继续说："我要给你一块土地。从九点开始，你从这里往外跑，每跑一段就做个标记。只要你能够在太阳落山之前回来，那么只要是你跑过的范围里的土地，我都会白白送给你。如果你要是回不来，那么咱们就当没有这笔交易。你看如何？"

帕霍姆睁大了眼睛看着这位大地主："您说的不会是真的吧？当真是这样的？"接着他好像怕大地主反悔似的，朝着周围人大声喊道："嘿，你们都听到了吗？大地主说，如果我今天天黑之前能够绕着土地跑一圈，那么我所跑过的土地就都属于我的了！"

人们纷纷过来围观，九点一到，帕霍姆就开始出发了。他向风一样冲了出去，很快就消失在了人们的视线中。帕霍姆不停地跑着，每跑出一段就做一个标记。他一边跑一边想，我一定要跑出一大片土地！

附近村子的人都得知了这件事，纷纷在沿路观看。中午很快到了，有人劝帕霍姆停下来吃了饭再继续跑。帕霍姆说："我怎么有时间去吃饭呢，我要更多的土地。"跑到下午三点的时候，帕霍姆已经很累，很疲倦了。有人劝他："你现在已经有了很大一片土地了，停下来休息一下，喝口水吧！"帕霍姆回答说："不，我现在拥有的土地还不够大，我还要继续跑，直到太阳落山。"

就这样时间到了傍晚的六点多，太阳已经跑到了西边很快就要落下去了。帕霍姆心想，我必须马上往回跑了，不然一切就都白费了。他开始加快速度往回跑，而此时的他已经又累又饿又渴。但是一想到即将到手的土地，帕霍姆拼了命地往回跑。

当他抵达终点的时候，刚好太阳落山。人们都在终点等待着迎接他，然而让人意想不到的事情发生了。之间帕霍姆突然吐了一口鲜血，然后就摔倒在地，再也没有起来。

帕霍姆的葬礼上，一位长者说："帕霍姆到底需要多少土地？请大家看看吧，就是这从头到脚的六英寸而已。"

帕霍姆的贪心，最终葬送了他的性命。其实想想，人这一生需要的东西能有多少？我们现在拥有的财产，我们的房子、车、存款，一切有形或者无形的，有哪一个是我们死后可以带走的呢？不过是我们在世时暂时保管和使用而已。那么我们还贪图它们做什么？

其实，我们每一个人所拥有的财物，无论是房子、车、钱……无论是有形的，还是无形的，没有一样是属于你自己的。那些东西不过是暂时寄托于你，有的让你暂时使用，有的让你暂时保管而已，到了最后，物归何主，都未可知。所以智者把这些财富统统视为身外之物。

所以该"舍"之时，就断然的舍弃，不要因为一时的贪欲毁掉自己一生的幸福。懂得舍弃多余的欲望，放下无谓的追求，舍掉不必要的执着，才能够静下心来享受生活的快乐、幸福。

我本非我，本我超我

一个小和尚跟着师傅学书法，师傅对他说："你从'我'字开始练习吧！"

小和尚的信心十足，一天又一天临摹着名家的字帖，写着不同的风格的"我"。几天后，他觉得练习的差不多了，就挑了几个自己比较慢满意的"我"请师父点评。师父看了看，摇了摇头，说："继续练习！"

小和尚静下心，又努力的练习了六个月，直到字帖上的“我”临摹的有九分相似了，这才拿去给师父点评。师父认真地看了一会儿，点点头说：“有进步，但是还要接着练习。”

小和尚回来后继续练习。随着时间的推移，他逐渐将一些名家的书法熟记于心。有一天，他随手写了一个“我”字，那已经是取诸家所长，自成一派的作品了，他感到很满意，便又拿给师父去评鉴，师父带着微笑，欣赏了很长一段时间，意味深长地对小和尚说：“你终于会写‘我’字了！”

在书法中，“我”这个字很难写，因为简单的一个“我”字包含了在生命的自我认识和自我坚持，小和尚在写“我”的同时，也明白了人生的真谛——努力学习，认真实践，坚持不懈，不舍不弃，享受整个过程，在过程中得到快乐，最后，自然就会水到渠成。

想要写好生活的“我”，有三个步骤。

第一步：“认识我”

人生最有价值的目标，莫过于了解自己，而这也是在雅典神殿石碑上刻着的至高哲学命题。

了解自己应该从外人内。了解自己的优势和特长，了解自己的资源和潜力，了解自己的兴趣和愿望，但是这只是一个肤浅的了解，只有逐渐深入，了解自己的本质，才是真正的了解自己，用佛教的来说就是：“认清自己”。

有些人信奉那些圆滑的处事哲学话，觉得自己什么都懂，以为自己是“看破不说破”，但事实上，他们往往是没有看破却说破。认识自身本来没有多大困难，困难的是人们总是爱带着一块“遮羞布”来掩盖自己的，以免他们发现一些自己不敢发现，不愿意承认的本质。例如，一些人说“忠孝难两全”、“忠义难两全”把自己不孝敬父母，不照顾妻儿的原因归于工作太忙，没有时间。如果你真的是因为职业忙碌而不能为家庭抽出一点时间，它不仅是你的骄傲，还是你父母的骄傲，因为他们也可以分享你的“军功章”的一半。但是，你真的是太忙了，没有时间与父母聊天吗？你真的是忙的连打个电话问候一下的时间也没有吗？你的“军功章”在哪里？只要仔细询问自身的感受，你会发现，其根本原因就在于自身的冷漠和懒惰。

当你对生活中进一步思考时，你不妨和那些坏人进行换位思考，你会发现自己内心更多的秘密。例如：当你在一个腐败官员的位置，你会腐败吗？当你处于小偷的位置，你会不会去盗窃？当你面对贫困、饥饿、疾病、生死的考验，你会表现得比其他人更糟糕？打开心灵暗室，也许你会发现你身体里的黑暗的一面有许多你批评、嘲笑的地方，只不过当你露出鄙夷的神色时，那些阴暗面刚好在别人的身上存在。

总之，触及你的灵魂，扫视心灵的每一个角落，认知自己的底线，你才会明白自己在什么时候一定不做什么或者一定会做什么，只有这样才能真正了解自己。

一旦你了解了自己，将会对他人，对社会，对世界作出重新评估，这样一来，你就会变得心明眼亮，许多之前困扰你的事也就不会再出现了。

第二步：“超我”

认清自己的目的并不是鄙视自己、憎恨自己，放弃自己，而是解放自我，改变自我，进行自我的救赎。正如知识和能力可以学习、思考、实践来实现增长，而灵魂也可以通过学习、思考、实践来进行修复。

我们每进行一次净化和完善，都是一种自我超越。而超越自己，也是生活的最有价值的学习。

第三步：“成我”

“成我”，就是成就自身，这是生命中价值最高的工作。

我们每个人的生命都只是一个半成品，而接下来的工作，需要我们每个人去完成。我们应该成将自己的人生作为一个创造性的艺术作品，精心打磨，精心设计，才能向世界展现最美的自己。

事实上，每个人都很高兴成为世界的风景，只有那些完全失去信心，自暴自弃的人才会以丑示人。

人们在展示自己这件“艺术品”时的方式不尽相同，有些人并不务实，只经营表面，用谎言去美化自己。而有的人用才华和道德来证明自己。有的人处于两者之间，不仅务实还重视推广。不同的方式会带来不同的结果，两者之间相辅相成，他们往往迅速成功。

第二章　忠恕宽容，谦恭和逊

“知足”是宝、是守道。“不知足”则贪欲深重，导致罪恶——许多万贯家财者、名利客隐藏着罪恶又浪费着生命；或今生贫贱者有非分之想；无端占有；或非法多求为人生留下陷阱。都要莫忘因果，可能今世相报，或来世相报。因为人的生生世世是相续的，今生的不幸、灾难、苦痛可能是前生挖“陷阱”的报应，是“心无厌足”所结成的苦果，只要把握好现行，今世种善因，才得今生、来世的善果。

心宽是福，看不开最苦

在南京多宝寺的弥勒佛殿前有这样一副对联："大肚能容，容天容地，于己何所不容；开口便笑，笑古笑今，凡事付诸一笑。"从这两句话中，我们不难看出宽厚、容忍不仅是弥勒佛的境界，也是我们应该学习的为人处事之道。弥勒佛的大度和容忍在于他有着一颗宽广的心，能看开世间所有的事情，所以才不会被俗事所羁绊，整天都能够乐乐呵呵地度过。

其实不仅仅是佛家讲要心胸开阔、宽厚待人，这也是我们中国的传统美德。人们常说的"宰相肚里能撑船"，也是为了说明一个人心胸开阔。纵观古今，大凡有功勋和成就的人，多是些心怀大志、心胸宽阔之人。正所谓"君子坦荡荡，小人长戚戚"，君子的胸怀宽广，做人坦率，不会去计较小事的得失，自然会活得率性、洒脱。而小人常常是一些心胸狭窄之人，对名利、地位看得太重，他们不明白人生在世，拥有再多的财富，得到再高的地位，也都是过眼烟云，这些东西我们生不带来死不带去，拼尽一生的气力去追求这些，实则是人世间最痛苦的事情。

常听人说，"心宽是福"，一个心胸开阔之人，就如我们所说的君子，他不会因为一点点的小事，影响了自己的心情，也就不会因此而生出忧愁、怨恨。相反的，如果我们的心胸狭窄，无法对眼前的一切看开、看透，就必然会困在我们狭窄的心胸当中，对生活中的琐事，生出各种不满情绪，最后也只是苦了自己的心。

曾经有一个年轻人就因为看不开而终日愁眉不展、抑郁寡欢。

这是一个家境殷实，从不为生计发愁的年轻人，他相貌英俊，知识渊博，然而他终日闷闷不乐、常常眉头紧锁，初次见面的人都认为他一定是遭受了巨大的打击。事实并非如此，只是他觉得自己活得很不顺心，很多小事都能引起他的反感，一顿饭、一句话，都有可能成为他心烦意乱的原因。

有人推荐他上山去找禅师求教，于是他决定去找禅师寻求快乐之道。

年轻人找到了禅师之后就将自己心中所想告诉禅师，请禅师帮他化解，并向禅师请教，怎样才能让自己活得开心。

禅师听完他的一席话，并没有直接回答他，而是拿起桌子上的茶壶，将年轻人面前的茶杯倒满了水，然后拿来一袋盐，放进水中一勺。年轻人很是纳闷，同时又有一些不满，心想："我是来请教你如何快乐的秘诀来了，你居然什么都不告诉我。"

这时，禅师请年轻人尝尝这杯水的味道如何。年轻人虽然心生不满，还是顺从地答应了，拿起杯子尝了一口，那水的味道特别咸，于是他撇了撇嘴说："真咸！"

此时，禅师笑了，略微停顿一下，然后又问他："倘若我们把这勺盐加进大海中，会有什么结果？"

年轻人还是不太理解禅师的意思，内心忍受着不好发作，回答说："一勺盐放进大海根本就不会对大海造成任何影响。而且就算不放一勺放十勺也不会起到任何作用。"

于是禅师乘此机会开导他说："你说得很对，人心也是如此，当你的心只有茶杯那么大的时候，一件小事就能够影响你的心；只有把心放宽到大海那样宽阔，你就能够容纳生活中的很多事情，这样就不会有什么事情能够烦扰到你，自然也就不会再觉得生活很苦恼，而去快乐的生活了。”

年轻人顿时幡然醒悟，下山之后就开始学着把心放宽，不再为一些小事而看不开，果然一扫以前的闷闷不乐，过起了快乐的生活。

著名作家雨果曾说：“世界上最宽阔的是海洋，比海洋更宽阔的是天空，比天空宽广的是人的胸怀。”每个人的胸怀都是一个无形的容器，倘若我们的心胸狭窄只能盛下一杯水，那么一勺盐就能将我们变咸；倘若我们的心胸开阔，行事坦荡，对任何事物都能看得开，放得下，那么我们就能拥有一个广阔的心怀，即使生活中有再多的盐投放进我们的心中，我们依然能够不受影响，怡然自得地生活下去。

所以我们常常在劝告别人时说，“心宽是福”、“世上没有过不去的坎”、“凡事要往开处想”……这些都是为了让我们能够放宽自己的心，当我们不去计较太多，反而能够活得更幸福。

那些凡事较真，爱钻死胡同的人，往往是听不进去别人的劝告，一心只想着坚持自己的想法，倘若有人不慎冒犯了他们，势必会对此耿耿于怀。这样的人往往会引起与他人之间的纷争、矛盾，在名利和地位面前也往往会因为得不到而痛苦、失望、悔恨，这样的人常常会因为自己想不开而活得痛苦而抑郁，生活在他们的眼中是没有快乐和幸福可言的。

与其让自己的人生过得如此痛苦和失败，不如学习那位年轻人放宽自己的心，凡事看开，给自己一个新的开始，宽心看待一切，笑对一切苍生。就像《小窗幽记》中所写：“宠辱不惊，看庭前花开花落；去留无意，看窗外云卷云舒。”

人生需要放宽心，看得开。心宽是一种心态，是一种境界，同时也是人生的大智慧。心宽才能够接受生活中的世事变化，不悲情、不欢喜；

心宽才能够大度处事，不争执、不痴望；心宽才能够宽容、忍让，不较劲、不争抢。只有宽容之心才能够给我们带来福分，使我们一生拥有平安与富足。

宽恕他人不较真

佛经上说：原谅和宽恕，是这个世界上最有力量情感。当你原谅别人的时候，你内心的仇恨也得以化解和释放；当你祝福别人的时候，你的内心才能感到幸福和快乐。试想一下，一个执着于别人错误的人，他的内心怎么能够得到平静？一个人要想得到平静和喜悦的内心，首先就要做到不较真，不因为一些小事就耿耿于怀，坐立不安，只有这样才能够做到去原谅和宽恕他人。

有时候宽恕他人，不仅仅是我们能够得到内心的平静和喜悦，有时候还能够帮助那个犯下错误的人，我们的宽恕像是一剂良药，能够医治好他们的心病，将他们的灵魂救出泥潭。

正是宽恕的力量激励着一个“小偷”成为了一名诗人。

很多年前的他，只有 12 岁。当时正值“文革”时期，他的爸爸妈妈在“文革”被批斗致死，于是他就成了孤儿。没有人敢可怜他，更没人敢收留他，就这样他成了一个成天在大街上流浪的孤儿。

即使在寒冷的冬天也常常光着脚，每天靠捡拾垃圾箱中的剩菜剩饭为生，有时候常常要饿上两三天才有饭吃。他对这样的人生完全失望透顶，只盼着能够早点死去，因为死亡对于当时的他来说是一种解脱。

直到有一天他遇见了一个卖书的姑娘。那时正值寒冷的冬天，他身上的破袄早就已经烂的没有办法御寒，因为连续两天没有吃到东西，他连走路都开始晃。又冷又饿的他最终选择了铤而走险，于是他趁那位姑娘不备，溜进了柜台里，正当他准备从抽屉里拿钱的时候，被姑娘发现了。当时他的心都快跳出嗓子眼儿了，可是一想到自己的遭遇，他的心狠了下来，他想：如果她敢叫人，我一定杀了她！

出乎他意料的是，姑娘并没有叫人，而是亲切地看着他，那眼神好像以前隔壁邻居总是偷偷给他糖吃的大姐姐。姑娘轻轻走到他的身边，冲着他微微一笑，轻声问道："你是不是饿了？"听到这句话，他内心的防线一下子就崩溃了，自从父母去世之后就再也没有人这么关心过他，人们看见他都像是看见了过街喊打的老鼠。眼泪顺着他的眼角不争气地流了下了。

后来，他清楚地记得那位像大姐姐的姑娘不但给了他一顿饭吃，在他临走的时候还从抽屉里拿出了仅有的几块钱给她。姑娘说，希望他能够振作起来，他还小往后的路还长着呢，一定要争气才行。姑娘还从书架上拿下来几本书给他。

他哭着走出了书店，发誓一定要好好做人，一定要有一番作为。

从此以后，他不再自暴自弃，他努力寻找各种工作的机会，从来都不怕苦不怕累，不仅如此他还抽空学习。他想着等他有了一番作为之后，一定要去感谢那位姑娘。

三十年后的一天，一位高个子的年轻人来到书店门口。书店的样子没有变，还是和当年一样，只是店里的姑娘如今已经成了一位老奶奶。即使如此，他还是认出了她。

现在的他已经成了一名诗人，今天他亲自将他的诗集送到这里就是想让她知道，当年她一个善意的宽恕，成就了他的一生。

书店的那位姑娘没有因为孩子偷盗而叫人将他抓走，反而是用她的善良宽恕了这个孩子，正是因为她这种宽容的方式，使得这个孩子重拾了对生活的希望和信心，最终通过自己的努力成为了一名诗人。由此可见，宽恕的力量是无穷的。

然而宽恕他人的过错并不是一件容易的事，有时候他人的做法让我们很生气，这个时候我们怎么还能够去宽恕他们呢？但是正因为宽恕的困难，才需要我们不断去练习和修行。我们不愿意宽恕别人是因为我们觉得他们犯了错误就一定要惩罚，只有惩罚才能够让他们改过。但是，就像是我们打骂孩子让孩子改正错误一样，孩子反而会产生逆反心理，倒不如我们温柔劝说改正的快。而且，当我们不肯宽恕他人的时候，我们又得到了什么好处呢？感到痛苦？生一肚子气？一心想要报复？这对于我们来说并不是好事，只会让我们陷入挣扎中不能释怀。只有我们去宽恕他人的过失，原谅他们的错误，才能砸掉心中的那把大锁，释放自己的感情。

可是世界上总是有一些人太过于较真，他们总是拿着放大镜来观察生活、观察他人。对别人的一个无心之失也要放大到是故意要害自己，芝麻绿豆的事情也会被他们认为是天大的大事。就好比是在拥挤的公交车上，有人不小心踩了他们一脚，原本只是无心之失，他们却开始较真：为什么要踩我？我又没有惹你？这是故意在给我弄难看吗？等等。一系列的问题都会涌上心头。即使对方已经道歉，他们也还是会耿耿于怀甚至回到家吃不下饭，睡不着觉。这样的人总是在斤斤计较中，踏进心灵的死胡同，让自己的内心也备受煎熬。

与其这样何不让自己学着去宽恕别人？当别人得罪了我们的时候，我们不去计较，反而是选择原谅他，这不仅仅是一种高尚的美德，更能够给我们带来心灵上的平和。我们用宽恕的美德换来自身的豁达，其实也是把自己最美好的东西留给了我们所宽恕的人。所以不仅仅只有被宽恕的人是受益人，还有主动去宽恕别人的人。一个懂得包容、懂得宽恕别人的人，才能够放下自己心头的恨和怨。宽恕在我们心中是一种慈悲，一种解脱！

憎恨别人反而是自己的损失

日常生活中，当我们受到委屈，遭受了不公平的待遇时，往往会对他人产生嗔恨的心理。这种心理会蒙蔽我们的内心，夺走我们的理智，让我们做出不顾后果的事情。这种憎恨的心理只会让我们活得痛苦和失落，对于事情的解决却毫无作用。因此佛家讲，憎恨他人于己是一种巨大的损失。

憎恨带给我们的损失主要是破坏我们的生活，玷污我们的心灵。当我们在憎恨他人的时候，心里总是会感到愤愤不平，希望我们憎恨的人能够得到报应，遭遇不幸，当事情没有发展成为我们想要的结果时，我们就会感到痛苦失望，甚至无法再进行正常的生活和思考。还有就是，不管这个让我们憎恨的人是多坏，做过的事情有多恶劣，我们若是越恨他，就越是在朝着他的方向发展。俗话说的好：狗咬你一口，你还能咬回去吗？坏人如何对待我们，我们就如何对待他们，那么我们和他们还有什么分别呢？憎恨只会把我们原本纯净的心污染罢了。尤其是如果我们常常怀有憎恨之心，相信我们的朋友也会离我们远去吧。

倒不如，别人让我们生气，我们反而更要快快乐乐的，即使他们得罪我们，我们也宽容的谅解他们，这样我们不仅化解了和对方的仇恨，还能够还自己一颗清静的心。何乐而不为呢？

但是并不是所有人都能够做到不憎恨，有个年轻人就曾经深受憎恨之苦。

从前山脚下居住着一个年轻人，这个年轻人脾气是出了名的暴躁，要是有人不小心惹到他，那这个人一定要倒大霉了。因为他报复心理极强，常常因为一些鸡毛蒜皮的小事，就跟别人动手打架。久而久之，只要是认识他的人都很讨厌他，纷纷对他敬而远之。

年轻人整天无所事事，经常四处闲逛。一天他无意中经过一座禅寺，听着里面讲经的声音很是吸引他，于是就进门去仔细听讲。刚好赶上老禅师在讲佛法，年轻人想，反正闲着也是闲着，干脆就听他一回，看看他讲的到底有什么好。

于是他悄悄溜进大殿，听老禅师讲的佛法。老禅师讲要宽厚待人，这样的人生才能快乐。年轻人越听越上瘾，这简直就是专门讲给他听的。等他听完之后，内心非常后悔自己以前的做法，他决定要痛改前非，做一个心胸开阔之人。

待人散去，他找到老禅师说出了自己的想法，并痛悔说："师父啊！从今天开始我再也不会为一点小事和他人打架斗殴了，就算是他们将唾沫吐到我脸上，我也只会擦去唾沫。而绝不对他们动手。"

老禅师微笑着说："不用擦拭，就等着唾沫自己干了吧。"

年轻人一愣，觉得这个答案有些意外。于是他又问道："师父啊，那如果不是唾沫，而是一个拳头朝脸上打过来，那我又该怎么去做呢？"

老禅师仍然微笑着说："道理是一样的呀，根本不用去在意，只不过是挨一拳而已，并没什么。"

年轻人想了想，突然举起拳头朝老禅师的头上打了过去，老禅师并没有闪躲，也没有丝毫愤怒。年轻人打完之后问道："您现在感觉如何？难道还是不在意吗？"

老禅师依然面带微笑，一点生气的样子也没有，反而关心的对年轻人说："没有把你的手打疼吧？我的头可是硬的像石头一样啊。"

年轻人听完这一席话，"扑通"一声跪在了老禅师的脚下。从此他拜老禅师为师，跟随老禅师一起学习佛法，最终成为了一个著名的禅师。

不得不说，老禅师的境界确实了得，换做是我们很难做到这一点。其实仔细想想我们憎恨这个人又有什么用呢？只会让我们觉得气愤，除了挨一下疼，还破坏了我们的心情。何必呢？如果我们对他还手呢？他会再还回来，如此这般什么时候是个头，不过是大家都多挨几下子打罢了。

即使是我们憎恨的人真的像我们所期望的那样受到惩罚，生活过得痛苦不堪，对我们又有什么好处？我们在憎恨他时所投入的感情、时间等成本永远也无法再挽回。

德国学者康德说过："生气是拿别人的错误惩罚自己。"人生只有短短的几十年，倘若我们都把时间浪费在憎恨别人身上，那我们的这一生岂不是活得很冤枉？生活对于我们来说是美好的，所以我们更不应该将时间浪费在这些事情上。同样，倘若我们能够多用宽容的心去看待他人，也会为我们节省很多宝贵的时间。要知道这个世界上有那么多人，每个人与每个人的性格都有不同，每个人的处事方式也不尽相同，我们无法让每个人都与我们的想法相同，所以与其浪费时间去憎恨别人，不如好好去经营自己的人生。

不要动不动就拿着别人的错误惩罚自己，如果我们不能阻止他们犯错，那么我们就努力用宽容的心去发现他们的长处和优点吧。只要我们能够做到包容他人，多站在对方的角度体谅他们，出了问题不要只是一味地埋怨，而是要想着多改变自己。如果我们能宽容地看待别人，用换位思考的方式体谅他人，少埋怨别人，多改变自己，提升自己。放下心中的憎恨，才能转身去迎接我们生活中的阳光。

忍受屈辱也是一种修行

在探索某位名人的成功时，我们常常会听到人们用"忍辱负重"这个词语形容他们。关于"忍辱负重"指的是能够忍受屈辱，能够承担责任。我们的人生需要“忍辱”，是因为命运为了让我们通过它的考验，制造了各种机会，各种挑战，各种挫折，想要赢得机会，通过挑战，战胜挫折，就需要我们在生活中能够忍辱负重。

话虽然这样说，然而真正能够在生活中做到“忍”也是非常不容易的。曾有人说人生在世最难坚持的苦行是：当我们在遭受无缘无故的羞辱和他人无中生有的诽谤时，还能够控制自己的怒气，忍受下来。俗话说：“忍字高来忍字高，忍字头上一把刀。”正是说明“忍”的修行就像是头上顶着一把刀那样困难。在《入菩萨行论》中也提到：“罪恶莫过嗔，难行莫胜忍受。”意思是在所有的罪恶中，没有比嗔心更可怕的了；在所有的苦行中也没有一个比忍耐更难的。

日本有一位名号白隐的禅师，就是因为忍耐而闻名于世。

相传白隐禅师所在的地方有一女子因与男子有染而产下一名女婴，女子为了逃避父母的苛责和周围人的嘲笑，便谎称孩子是白隐禅师的。当时白隐禅师在当地已经是非常受人尊敬的禅师了，女子的父母也很尊敬白隐禅师。当他们听说白隐禅师竟然做出这样的事情时，内心愤怒异常，于是并未仔细调查就听信了女儿的谎言。

他们抱着女儿产下的婴孩找到白隐禅师，大骂白隐是败坏佛门的假和尚，是个禽兽不如的畜生，并将孩子扔给他，告诉他这是他的孩子，让他自己想办法抚养。

白隐禅师在受到不堪入耳的辱骂之后，只是淡淡地问了一句：“是这样吗?”然后就默默地接过孩子。

女子的父母以为他承认了自己的“恶行”，心中更加气愤，就将此事告知更多的人。没过多长时间，大家都听说了白隐禅师的“丑恶行为”，纷纷表示唾弃。

为了养活好怀中的婴孩，白隐禅师忍受着人们的白眼，到正在喂养婴儿的家中讨要奶水，很多人拒绝帮助他，一些人即使帮助他也会告诉他：“如果不是看在孩子的面子上，我是绝对不会可怜你的！”然而不管遭受怎样的冷眼和拒绝，白隐禅师都始终一言不发，并默默地看护着婴孩。

时间一天一天过去，婴孩的母亲，实在无法忍受良心的谴责，更不忍让白隐禅师一直背黑锅，于是她将实情告诉了自己的父母。

女子的父母得知自己冤枉了白隐禅师，心中充满了愧疚。他们跑到白隐的面前忏悔，请求白隐禅师的原谅，并希望接回孩子。

面对这样的情况，白隐禅师将孩子交还他们之后，依然只是冷静地问了句：“是这样吗？”

正是这种忍耐的风度，让白隐禅师成为了一个受人尊重、闻名于世的人。

试想一下，如果这样的事情发生在我们身上，我们能够像白隐禅师一样坦然接受、淡而化之吗？

其实在生活中，我们不能避免的总有可能遇到一些蛮不讲理，甚至是心存恶意的人，并遭到他们无缘由的辱骂和欺侮。这种事情总是让我们忍无可忍，愤怒异常。可是，我们的不忍只会让这些人更加有成就感，因为他们这么做就是为了激起我们的愤怒，让我们丧失理智。如果这时候我们能有意识地让自己冷静下来，仔细权衡利弊，沉住气，那结果就不一样了。所以我们更要通过“忍辱”这种修行去锻炼自己的耐性。

面对他人的侮辱能够忍受下去，并不是一般人能够做到的。特别是中国人向来就有一种倔强的个性，古语有云“士可杀不可辱”，如果说连杀头都可以忍受的话，那么屈辱怎么就不能忍受呢？

中国的文学大师胡适先生有一段话更是劝大家要能学会忍辱，他说：“有人骂我们，自然很生气，非要和他拼命不可。要是拿我们的思维力来一分析，骂，到底是什么呢？不过是由空气传来的一种音浪，对于音浪，自然用不着生气。至于骂我的人呢？依着化学的分析，也不过是几分之儿的氢气氧气等的化合物，而被骂的我呢？也是和骂我的人一样，几种元素的化合物而已。等到死后，大家都物归原所。如此，则所有詈骂，不过是一种气体的流动，两个机关打无线电而已，有什么了不得？我们在气头上的时候，也能这样转念一想，心中的怒气就会消失一大半。”

对于我们来说忍辱的修行需要善忘，需要处世豁达，需要洒脱大度。就像有一句话说的：“生气是拿别人的错误惩罚自己。”所以，别人对我们如何，我们无需记在心上，更不必为了他人的错误让自己纠结在心。

真正的忍辱其实是“无忍”。忍而无正所谓，“忍而无所执著”，就是说忍辱要做到无所执著。好比说，有人污蔑我们，如果我们执著于受到他人污蔑，就是有所执著。若是“无忍”，我们的心头根本就不会有被污蔑的念头，对于他人的污蔑我们也能够做到完全不受影响，这才是真正的忍。

除了要做到对他人的侮辱不生气、不报复之外，如果还能够给予他人好处的话，我们的忍辱修行就又上升到了更高层次的境界。将他人的种种无理取闹，视为愚痴的行为，把这种情况当作是对我们心性的锻炼，用我们的行为去感化他们改变他们。

《佛遗教经》说：“忍之为德，持戒苦行所不能及。能行忍者，乃可名为有力大人。若其不能欢喜忍受恶骂之毒如欲甘露者，不名入道智慧人也。”所以，忍辱对于我们来说是一种修行，我们能够在忍受中获得智慧、解除误会，提高我们对他人的宽容度，摒弃内心的狭隘和自私，在完善自己的同时也感染他人，让一切挫折和困难烟消云散……

第三章　克己复礼，修己以敬

念佛也不是“我”念，而是“佛”（佛性）念，佛念众生，众生念佛。修行人要明心见性，要做世间菩萨，就要做到以我们的佛性念众生。什么叫“显”，就是众生念佛；什么叫“密”，就是佛念众生。所以修行者，觉悟者，要少一点“我”的执着，多一点利益众生的悲悯。越做到无“我”，越无挂碍而越自在、越清净、越光明。

欢喜来自内心

一个人生活在这个世界上，难免会遇到痛苦、失败、挫折，同样也会经历成功、喜悦和收获。无论是痛苦、失败、挫折，还是成功、喜悦、收获，其实都是一种相似的人生体验。然而世间众多人中，有的人活得精彩、快乐，而有些人却活得痛苦、失望。究其原因是因为一些人拥有欢喜心，能够用欢喜心去面对生活的挫折、失败，另一些人却不懂得用欢喜的心去面对生活。

很多人向往欢喜，那欢喜是什么呢？禅家告诉我们，欢喜是一种自然性情的流露，是对待生活，对待人生的态度和心境。欢喜与物质无关，与他人无关。有车有房不一定就欢喜，很多人因为追求这些东西，迷失了自己的内心，成为拜金主义者；每顿大鱼大肉不一定欢喜，不健康的饮食习惯很有可能毁了我们的身体；事业有成不一定欢喜，因为事业忽视家庭，生活也不会快乐。

生活中拥有欢喜心是我们能够快乐生活的基础，然而欢喜要从何而来呢？慧思禅师用一句话告诉了我们答案："但向己求，莫从他觅，觅即不得，得亦不真。"意思就是说要想拥有欢喜还需要我们自己去创造，而不能期许从他人身上获得。他人给予的欢喜是不可靠的，很有可能他们的一句话、一个动作都会引起我们的恼怒、怨恨和失望。唯有自己创造出来的欢喜才是真正的欢喜，而拥有一颗欢喜的心，便是拥有了生活的意义。没有欢喜之心，不能够自己创造欢喜的人即使是拥有全世界，他们也不会拥有幸福快乐的人生。

《渔夫和金鱼》的故事向我们证明了欢喜之心不在于物质，不在于他人，而在于自己的创造。

很久以前，大海边上住着一对夫妇，每天靠打渔为生，他们的日子过得很艰难，只有一个棚子和一只破木盆。

有一天，老渔夫外出打渔时捞上来一条金鱼，让人吃惊的是金鱼竟然开口说话，求渔夫将它放走，它愿意满足它的任何要求。老渔夫很是害怕，于是就将金鱼放回了海里。

回到家后，他向自己的老婆讲述了事情的经过。没有想到老太婆破口大骂渔夫是个傻瓜，并逼老渔夫去向金鱼讨要一只新的木盆。老渔夫无奈地来到海边，在他的呼唤中金鱼出现并答应了他的请求。

老渔夫回到家后，老太婆更加生气，她觉得只要一只木盆实在是太吃亏了，这次她想要一所房子。老渔夫没有办法，只好又去找金鱼讨要房子。金鱼依然答应了他的请求。

本以为老太婆这次肯定会满意，可是没想到老太婆非常愤怒，因为她现在不再满足于当一个渔民，她要做一个贵妇人。老渔夫战战兢兢地去乞求金鱼，金鱼依然是二话不说答应了他的请求。

然而贪心不足的老太婆越来越难以满足，她想要做至高无上的女皇。老实的渔夫只好再次来到海边寻找金鱼，金鱼还是答应了它的请求。

一个星期之后，做了女皇的老太婆，命人将老渔夫赶到海边去找金鱼。因为她想要做海上的女霸王，而且还要金鱼去服侍她。

老渔夫来到海边，金鱼听了他的请求，转身游回了大海。老渔夫等了很久金鱼也没有回来，他只好惶恐不安地回去找老太婆，等他看到老太婆时，发现他们的家依然是以前的破木棚，老太婆也不再是女皇，她的脚边仍然是那只破木盆。

为什么老太婆拥有了那么多东西，仍然还不满足？因为她不懂得为自己创造欢喜，她所拥有的一时欢喜都是来自于他人，所以即使她拥有的东西再多，她也活得不开心，不快乐。

是否欢喜取决于我们的心境，我们心境如何决定了我们是否能够创造出欢喜。在这个世界上没有什么东西是绝对不好的，如果我们内心充满欢喜，那么即使是粗茶淡饭的生活，我们依然会觉得过得满足与幸福。如果我们的内心不懂得欢喜，那么即使是锦衣玉食，也依然食之无味，嚼之如蜡。所以，那些常怀欢喜之心的人纵使生活贫困，事事不顺，也丝毫不会心生抱怨，依然能够安贫乐道、怡然自得。

可能也有很多人感到很疑惑：在这个飞速前进的时代，生活节奏飞快，生活压力、工作压力巨大，每个人都顶着生存的压力，哪里还有欢喜可言？我们对生活感到无奈，对工作感到无措，一天到晚又累又忙，怎么才能够去创造欢喜？今天要买车，明天要买房，有可能还要失业、迷惘，去哪里找欢喜？

其实不是这样的，很多事实告诉我们有些人拥有我们所有追求的这些东西，但是他们依然活得不快乐。一个人的内心欢喜与否，根本就不在于他拥有什么，以及拥有数量的多少，而是在于他用什么样的心态去看待自己所拥有的。俗话说，境由心生，心能转境。欢喜是我们看待事物的一种态度，一种心境。心生欢喜的人，无论处在什么样的环境中，都能够将自己所遇到事情看开看透，让自己活得轻松愉悦、平淡从容。然而，有些人在看待自己的境遇时，往往戴上了有色眼镜，他们将自己的生活看成是一片灰色，同样是失业，他们不但不去努力找工作，反而会怨天尤人，抱怨自己生不逢时、时运不济。这样的人，无论在什么时候都不会满足，所以他们总是活得闷闷不乐。

想要活得欢喜，就必须要依靠我们自身去创造。只有我们不断认识自己，净化自己的心灵，用积极的心态去面对生活中的每一个时刻，以良好的心态去对待人生，用宽容的心去看待他人，让自己的内心充满善良和美好，才能够去创造出欢喜的心。用欢喜之心去面对生活，这样的人生才能快乐而充实。

日日是好日

“日日是好日”是云门禅师在教导弟子时所说的一句禅语。虽然只是寥寥五个字的机缘之语，却蕴含了丰富的思想和生命的智慧。

那么我们到底应该怎样去理解这句话所蕴含的妙理禅机呢？生活中我们总是盼望着能够过得一帆风顺，衣食无忧。有这样的想法是很正常的，因为在我们普通人看来，人的一生本应当是要快乐度过的，有了这样的认知，才有了我们这种趋乐避苦，喜欢享受、不愿受苦的心理。然而，在大彻大悟的云门禅师看来，人生本就是让人来品味的，人生就好比是各种味道，酸甜苦辣咸每一种味道都需要去品味，只有各种味道都尝试过才能说明我们的人生是完整的。所以，人生中的悲欢离合、喜怒哀乐，都值得我们去经历、去体验。如果我们只是一心向往甜蜜和快乐，拒绝接受痛苦和悲伤，那么我们的人生必然会活得抑郁寡欢，因为痛苦和悲伤都是我们必然要经历的，而我们又无法用平常心去看待，最终结果就只有自己纠结，自己痛苦。

要知道人生不可能是事事顺心如意的，俗话说“不如意事十有八九”，就是告诉我们人生中十件事情可能有八九件都是不如意的，如果我们一心盼望我们所遇见的都是好事，那么最终只能让自己失望。要想日日都是好日，就要学会去接受我们原本不愿接受的事情。东欧国家有句俗谚说得特别好：“不要埋怨玫瑰生刺，应该庆幸从荆棘丛中，长出玫瑰来。”如果外界环境是我们所不能改变的，那么就试着去改变自己的心境。

如果我们不能试着去改变自己的心境，那么就可能会向下文中的哭婆婆一样，一直活在忧郁和痛苦中。

据说从前距南禅寺不远的地方有一个外号“哭婆婆”的老太太。这位老太太一年到头，无论晴天还是下雨，都悲伤不已，常常坐在门口哭泣。很多人路过都看见她在哭，怎么劝也劝不住，后来大家送了她一个外号叫“哭婆婆”。

有一天南禅寺的老方丈连续几天下山都看到“哭婆婆”坐在路口哭，忍不住上前问道：“老婆婆您到底遇到了什么伤心事天天坐在这里哭啊？”

“哭婆婆”擦了擦眼泪回答道：“老方丈您有所不知，我哭是为了我的女儿。我有两个女儿，大女儿嫁给了染布坊的老板，二女儿嫁的是卖雨伞的商人。”

老方丈说：“这很好呀，你为什么要哭呢？难道她们过得不好？”

“哭婆婆”说：“不是的，她们生活的都很幸福。只是每到阴雨天的时候我就想大女儿家染布坊的布匹没有办法晾晒，生意肯定要耽搁，我就觉得伤心。等到晴天的时候我又想到小女儿家的雨伞没有人去买，就觉得心疼，心里更是难受。所以不管晴天还是阴天我总是想哭。”

老方丈听了以后就开导“哭婆婆”说：“老人家啊，我看你这是自己在找罪受啊，你为什么不反过来想一想呢？晴天的时候你就想大女儿家的染布坊的布晒得又白又亮，等到下雨的时候你就想小女儿家的雨伞卖的两个人都忙不过来。这样你无论是下雨还是晴天都会觉得很高兴，每一天都是一个好日子，又怎么还会想哭呢？”

"哭婆婆"听了方丈的话觉得很有道理，于是就决定照方丈说的去做。从此以后"哭婆婆"无论什么天气都笑嘻嘻的，再也没有哭过。后来人们又送给她一个称号叫"喜婆婆"。

也许我们很多人都认为人生中总是充满了无奈和遗憾，生命中时时都有痛苦的悲剧，像病痛的折磨、爱人的离去、梦想的破灭、事业的受阻……这些不如意的事情常常徘徊在我们身边，让我们变得愁容满面，垂头丧气，每一日过得痛苦而失望。这样的人生又怎么能够说是"日日是好日"呢？"日日是好日"只不过是我们内心的期望和给自己的安慰而已。

其实不是的，"日日是好日"并不是我们通常意义上的好日子，而是说日子过得好与坏不是绝对的，而是取决于每个人的心态。宋代的无门慧开禅师写过这样一首诗："春有百花秋有月，夏有凉风冬有雪，若无闲事挂心头，便是人间好时节。"倘若我们能够有这样的心态放下心中杂念与执著，用一颗平常心去看待生活中的苦辣酸甜，就会感受到日日都是好日，月都是好月，年年都是好年。

中国的一位国学大师也曾说过这样一句话："袋里有米，手边有书，晴时耕种，落雨读书。"就是一种乐知天命的心态，晴天的时候去耕种，待到下雨无法劳作时，就去读书。不论怎样，每一天都是充实有意义的一天。在这种心态的引导下，必然日日都是好日。

人生的旅途中，总是充满了未知和迷惘，遭遇风雨、涉足泥泞也是人生的常事。当我们有了"日日是好日"的心态时，心灵就不会再被这些俗事所羁绊，在我们面对人生的不如意和挫折时，也能够学会从容地看待既定的得失，调整好我们经受挫折的心态，把一切的经历都当作是一种品味，把每一天都过成美好的一天。

相信日日都是好日，给自己树立一种日日都是好日的心态，就相当于给自己设立了一个充满光明与希望的目标，载我们怀着这种积极、乐观的心态向目标迈进时，我们的人生也随之变得简单和单纯起来。只要我们踏踏实实地向着目标前进，好日子也会伴随着我们不断向前。

生活原本没有痛苦

佛经中把人类所生存的世界称之为“欲界”。所谓“欲界”，最明显的特征就在这个“欲”字上。“欲”又是什么？“欲”就是生命个体内在的希望和需求。世界上的所有生命都存在有欲望，我们人类自然也是如此。

正是因为有这些欲望的存在，我们的生活才会充满了痛苦和迷惘。现在似乎有很多人都活在痛苦之中，虽然人类的生活在不断得到提升，但是人们并没有因为物质的提升而感到满足，相反的，我们开始陷入更高的欲望追求中。没有房子的时候要买房子，买了房子之后又想买车，还要穿金戴银，升职之后还想爬得再高一点，工资要是能再高一点就更好了……这些不断累计发展着的欲望，就像是一个永远也无法填满的无底洞，不断地催促着我们去想、去要。我们无暇去审视自己的内心，旧的欲望还未填满，新的欲望又接踵而来。我们的欲望终有一天会成为我们沉重的负担，让我们为此而吃尽苦头、受尽苦楚。在欲望中生存，总是会给我们的生活带来痛苦。

从前有一位国王，他的国家强盛，人民幸福，世间一切的珍宝都为他所有，然而他仍然感到很不快乐。为此他举办有趣的晚会和舞会，希望能够从中找到快乐的感觉，却依然无济于事。

有一天，国王决定去宫中四下转转，看看能不能发现一个真正快乐的人。当他走到厨房时，听到一阵欢乐的歌声，他想这个人一定很快乐。

歌声来自一位年轻的厨师，只见他一边剥鱼，一边唱歌，脸上洋溢着快乐和满足。国王感到很奇怪，一个身份卑微的厨师为什么还能过得这么快乐呢？于是国王走近年轻的厨师，问他为什么这么快乐。厨师回答说："尊敬的陛下，虽然我只是一名小小的厨师，身份卑微也没有很多钱财，但是我有一个幸福的家庭，我每一天都努力让我的妻子和孩子过得开心快乐。我们的要求很低，有一间遮风的房子，能吃饱穿暖就足够了。只要每天能够看到他们是高高兴兴的我就很快乐。"

国王很意外，真的只要这样就可以过得很快乐吗？他找来了宰相，询问这件事情。宰相说："这种快乐很容易被摧毁，只要让他成为99族奴就可以了。"国王不解其意问道："什么是99族奴？"宰相答："如果您真的想知道，那么就请您将一个布包装上99个金币，再命人把这个布包放到那个厨师的家门口，您将很快就明白99族奴是什么了。"

于是国王照着宰相的说法命人在天黑前把装好金币的布包放到了年轻厨师的门前。当天厨师下班回家，走到门口的时候发现门前有个布包，好奇的他将布包带回了家中。回到房间打开一看，竟然是金币！厨师心花怒放，将金币全部到出，开始点数。一枚、两枚、三枚……一共是99枚。等一下，怎么是99枚？会不会是少了一枚？于是他又将金币数了一遍，还是99枚。这怎么可能呢？按理说应该是100枚才对啊，谁会只放99枚呢？会不会是掉了？年轻的厨师连晚饭都没有吃，就开始到处寻找第一百枚金币。然而他将整个房子都找遍了，还是没有找到，最后他筋疲力尽地回到床上，内心感到非常失望。他决定既然没有找到第一百枚金币，那么就加倍努力去挣一枚金币，将金币凑够一百枚。

由于前一天晚上找金币找的太辛苦了，第二天上班的时候，他起晚了，加上前一晚心情不好，他破天荒的冲妻子和孩子发了脾气，对他们大吼大叫，抱怨他们没有早点叫醒他。等他到达王宫时已经迟到了，这时的他再也没有心情去唱他喜欢的歌曲，只是垂头丧气地工作着。

国王在一旁悄悄观察着厨师的一举一动，心中大为不解。原本他以为厨师得到了那么多金币一定会高兴得欣喜若狂，生活该过得更快乐才对。于是他又找来宰相提出了他的疑问。宰相告诉国王说，现在这个厨师已经是99族奴了。所谓99族奴，就是一些已经拥有99，却从来不满足的人，为了欲望中的一个“1”，他们苦苦地追求着，希望能够拥有“100”。原本他们的生活是快乐和幸福的，就是因为追求欲望中的“1”，使得他们失去了原有的快乐。这样的人就是99族奴。

生活中一定有很多像厨师这样的99族奴，他们的痛苦并不来源于外界，而是来自于内心的欲望。这样的人在拥有一的时候想要二，等得到了二又想要三……欲望是永无止境的，如果一个人拥有太多的欲望，他就会变成一个一心只想得到和获取的人，一旦他的欲望没有得到满足，就必然会深感失望。越是想要越没得到的时候就越是痛苦。欲望过于强大有时候甚至会毁了一个人的一生。

据传印度人去丛林中捕捉猴子的时候，常常会制作一种木笼，笼子上只有一个刚刚能够伸进去一只手的笼口。捕猴子的时候将笼中放上食物，然后投放到树丛中。猴子为了获取食物将爪子放进笼中，但是当他想将食物拿出来的时候，爪子却被卡在笼中。其实只要它松开手中的食物就能够将爪子拿出，可是它却舍不得放下食物。于是只有眼睁睁地看着自己被捉。

我们人也是一样。如果我没有放下欲望的决心，就必然会被困在痛苦的牢笼之中。

要想驱除生活中的痛苦，最重要的还是要放下心中的欲望，不盲目攀比，不一心追求。正所谓：“知足才能常乐。”虽然每个人对幸福和快乐的看法不同，感受不同，但是一个容易满足，懂得知足的人更容易活得幸福和快乐。所以，要想恢复生活原本的平静与快乐，就一定要学会放下欲望，懂得知足。

把吃苦当成进补

俗语说：“不吃苦，就不能做佛祖。”一个真正有修为，成大器的人，他们的成功都离不开痛苦的磨砺。纵观古今，那些伟大的圣贤们，又有哪一个不是从艰难困苦中坚持奋斗才赢得成功的？西汉大臣苏武，困于匈奴，牧羊十九年，不辱使节成为名垂清史的英雄；孙膑自断双腿，研读兵书，最终著成《孙子兵法》；周恩来一生勤勤恳恳，为国为民，才有了十里长街送总理的壮观。从他们的事件中我们不难看出，人生在世吃苦是在所难免的，苦难并不都是坏处，它能够加快我们成长和成功的步伐，助我们早日到达成功的彼岸。

佛法中说，人生在世总要经历各种各样的痛苦，然而这些痛苦的出现是为了考验我们，倘若我们不经历一番地狱之苦，又怎么能用心去体会生活带给我们的美好呢？要想拥有幸福的人生，首先要学会吃苦，把困苦当作是生活对我们的磨练，只有将吃苦当作是成长的进补，才能够经受住困难考验和磨练，走向成功的彼岸。

曾听到一个这样的寓言故事：

在一个特别偏远的地方有一座石头山，石头山上长满了石头，大大小小，长长短短，什么样的石头都有。很多石匠都会来这里挑选上等石材，然后运回去加工成各种成品。

有一座寺庙刚好需要一尊佛像供虔诚的人们膜拜，寺庙的僧人们为了表达他们的虔诚，专门从很远的地方来到石头山。在他们的精挑细选下，有两块石头因着良好的质地，光润的色泽，得到了僧人们的喜爱。他们将两块石头运下山，交给了雕刻大师。

雕刻师选择了其中一块石头，然后拿起凿子开始雕刻雏形，凿子才刚砸到石头身上，这颗石头就大叫了起来，原来这是一块有灵性的石头。只听石头哀嚎道："快住手，疼死我了！你不要再刻下去了！"

雕刻师停下了手中的凿子，耐心地跟石头解释："你先忍一忍吧，再过一个星期，我就能够将你变成一座栩栩如生的雕像，到时候你就可是被万人顶礼膜拜，这将是多么大的福分！"

然而石头并不接受，它大喊道："不不不，我受不了这样的疼痛。我可坚持不了一个星期。我只想做一块石头，从来也不想成为什么雕像。这种苦，你还是找其他的石头受吧！"

雕刻师看到石头如此痛苦，也只好放弃，将它放到了一个角落里。然后拿出另一块石头，问道："被雕刻成为雕像是非常痛苦的一件事情，请你告诉我，你能够承受住这样的痛苦吗？"

这块石头知道自己将要成为雕像，便坚定地告诉雕刻师："我不怕苦，您就放手进行雕刻吧！"

于是雕刻师开始了雕刻工作。他一下一下凿在石头身上，一锤一锤敲打出形状，再一刀一刀雕刻出细节。石头身上的血肉掉了一块又一块，它忍受着千刀万剐的疼痛，却始终咬紧牙关不让自己发出一声疼痛的哭喊。

终于在经历了一个星期的洗礼之后，这块石头被雕刻成了一尊庄严、神圣的佛像。每天，成千上万的信徒们对着它顶礼膜拜。

而之前那块不肯忍受疼痛的石头被人们敲碎，铺成了佛像脚前的路，每天供万人踩，千人踏，经历着四季的风吹日晒，内心感觉痛苦不堪。终于它忍不住向佛像抱怨："我们同是一座山中的石头，甚至当初我更得雕刻师的青睐。凭什么现在我要铺在你的脚下，让千万人踩着我来跪拜你？"

佛像微笑着望着脚下的碎石，说："原本我们都是一样的，只是后来加工的程序不同罢了。我当初忍受了你不曾忍受过的痛苦，才有了今日的成就。而你呢？轻轻敲打一下就忍受不了，又怎么去说我们都一样呢？正所谓，苦尽才能甘来，没有忍受痛苦怎么能会有相同的结果呢？”

听完佛像的一番话，碎石沉默了。

我们也常说：“吃得苦中苦，方为人上人。”人生要想取得进步，取得成功，吃苦是必经的一种过程。古人曾有诗云：“不经一番寒澈骨，焉得梅花扑鼻香。”也是告诉我们要想充实度过自己的人生就必须要经过艰难困苦的洗礼。一个人的成功，多半是从辛苦、汗水、忍耐、受苦中得到的。傲雪寒梅只有能经受住风霜的洗礼，才能够在寒冬的枝头清吐芬芳。

人生成长所需的营养，都是从苦难中获得的。就好比是农民种田，只有先耕耘，先付出，才能有后面的收获。耕耘的过程总是让人感到辛苦，而收获则给我们带来喜悦和成功。

著名成功学大师卡耐基曾告诉他的学员说：“苦难是人生最好的教育。”我们只有把吃苦当做是磨练自己意志的磨刀石，积极主动地去承担痛苦，在痛苦中磨练自己，并敢于同苦难较量，以苦为乐，才能够在人群中脱颖而出，成为一个成功的人。不要总是抱怨自己的人生困难重重，这是生活中的这些苦难给我们提供了增强自己能力和觉悟的机会，人的生命也正是因为困苦和挫折的激励才日渐成熟和茁壮起来。

要知道伟大的灵魂不会存在于一个平庸的人身上，只有那些经历过苦难的熔炼和困难考验的人，才会激发出生命应有的奋斗的力量，他的灵魂才会得到提高和升华。如果一个人能够忍受常人所不能忍受的痛苦，吃常人所不能吃下的苦头，才能够成为一个做常人不能做的人。人生中吃苦就相当于是在进补，吃苦能补充我们的意志，补充我们的才能，补充我们的知识，补充我们的道德，补充我们的灵魂。

只有辛苦和努力才能换来人生的成就和伟大，所以把吃苦当成是进补，使我们走向成功的第一步！

凡事多看好的一面

我国古代著名的思想家老子曾告诉我们这样一句话："祸兮福之所倚，福兮祸之所伏。"老子的这种福祸相依的哲学思想，概括来说就是这是世间的万事万物都有其两面性，有好的一面，也有坏的一面。所谓好坏其实都来自我们内心的看法和态度，同样一件事情有人觉得是好事，有人认为是坏事。正所谓世事变幻无常，因祸可以得福，有些我们认为是坏事的，也许随着发展就成为了好事。有福也可能是祸，有些事情看似是好事，也有可能会变成坏事。不管是福是祸，关键在于我们看待事情的心态，只要有好的心态，不论坏事好事，都有可能成为好事。所以作为智者的老子，在千年之前就告诉了我们一个人生哲理——凡事多看好的一面。

很久以前，在靠近匈奴边境的偏僻小镇上有一个天性乐观的老翁，不论遇到什么事情都能够坦然接受。老翁擅长养马，家中养有很多匹好马。有一次老翁家的一匹马由于受惊不小心跑进了匈奴的领地，周围的邻居都很惊慌，同时也很为老人担心，生怕这匹马招惹来祸端。老翁却一点都不担心，大家问他怎么一点都不着急呢？他回答说："虽然我的马跑进了匈奴的地域，但是这未尝也不是件好事啊？"大家听后，都纷纷摇头表示不解。

几个月之后，老翁的马领着匈奴人的一匹骏马跑了回来。周围人都纷纷来到老翁家表示祝贺。老翁又说了："这也不见得就是件好事。"大家很是不理解，觉得自己的马失而复得，还带回一匹骏马怎么能不是好事呢？

老翁有一个儿子，特别喜欢骑马。由于新得了一匹好马，于是儿子经常出去练马。一次在骑马过程中不慎从马背摔了下来，不幸摔断了一条腿。周围邻居得知发生这样的不幸，都纷纷前来安慰。老翁开口说："没关系的，这样也不见得就是坏事，有可能还是件好事呢。"

时间又过了一年，老翁儿子的腿伤一直未好，成了残疾人。这时匈奴人开始大举进犯边境，国家征集可以劳役的青壮年充当劳力去作战。老翁所在的镇子上，青年人十有八九都在战争中死去。而老翁的儿子因为残废了一条腿，父子二人才躲过了征兵这一劫。

人生很多时候的遭遇就像这位老翁，难免会遇上一些看似不幸的使其更，倘若这些事情都堆积在我们心中，我们的心情和态度必然会受到影响，心情烦乱、情绪痛苦，会让人对生活更加悲观失望、郁郁寡欢。很多事情也许在现在看来就是一件不幸的事，但是如果我们转变心境去朝着长远的方向看，也许这些事情只是好事情的一个开始而已。

试想一下，即使是每天带给我们光明的太阳落下西山，第二天也照样会在东方升起；挂在半空的残月到了每月的十五也会月圆；风平浪静的大海总会有潮起云涌的时候。所以当我们遇到不愿接受的事情时，可以尝试着换个角度去看待问题，多向着好的一面看问题，就可以改变我们的心情，欣然接受这件事情的发生。

曾经有人做过一个调查，看大家在路口遇到红绿灯时，有什么不同的反映。调查结果显示，通常情况下人们有两种反应：一种是面对红灯的出现，心生抱怨："就只是差了几秒钟，却偏偏倒霉的赶上了红灯。"另一种人觉得："没什么，这样也不错，等会绿灯亮了，我就能够第一个通过路口，后面的车都要跟着我的车。"

这件事我们不难看出，正是因为思考问题的角度不同，所以造成了两种不同的心态，而这种心态又直接影响到了我们的情绪。事情都是同样的事情，但是每件事情都有两面性，一面是好一面是坏，是好是坏答案都取决于我们自己的看法。既然好的一面能带给我们积极乐观的心态，那么我们何不在遇到问题时，多朝着好的一面思考，笑对人生，才能让我们的生活更美好。

没有哪个人的一生是永远一帆风顺的，生活中难免会有这样那样的问题等待着我们去面对，去解决。生活之于我们，就好比是大自然中的各种风景，既有一马平川，又有险山峻岭。没有规定哪种风景好，哪种风景不好，全都来自我们自身的看法和思考方式。无论是一马平川还是险山峻岭，只要我们能够乐观看待好的一面，就都是美好的风景。

由此可见，一件事情是好是坏，都是由自己来决定的。并不是生活总是坎坷不安，而是我们的心只发现了生活黑暗的一面，而没有看见生活光明美好的一面。诗人顾城曾有诗说："黑夜给了我黑色的眼睛，我却用它来寻找光明。"人生就是如此，尽管有很多不幸发生，但是我们还是需要善于发现不幸背后的美好，用我们的心灵去探索生活美好的一面。当我们努力去观察生活好的一面时，我们就拥有了一个良好的心态，这样不管生活给予我们什么，我们都能够欣然接受。只有我们在逆境中依然保持这乐观的心态，才能够拥有幸福的人生。

不要看轻自己

世界上的每一个生命都是独一无二的，它们的存在都具有别的生命所不具备的独特价值。生命本身形态的高低和其自身条件的优劣，都不能够影响生命价值的发挥。一个生命存在的价值取决于生命体自身，跟环境和他人都没有关系。人类也是如此，我们本身能够产生的价值跟我们的长相生活环境是没有任何关系的，关键还要看我们自身是如何看待自己，如何发挥自己的价值的。

不同的人对自己的看法不同，其自身的价值也就不同。即使是非常渺小的生命也能够创造出自身独特的价值。我们都知道蜜蜂是一种非常弱小的生命，它们却通过不辞辛劳的传授花粉和酿造蜂蜜证明了自己存在的价值。

人也是如此，不管我们的身份如何卑微也不要看轻了自己，在我们的身上一定有与他人不一样的特质，一定有他人没有的优点和长处，所以我们不要妄自菲薄地去看待自己，而是要努力去创造自己的价值，找到自己存在的意义，开辟出自己的一片天地。

曾经有一位善良的老人收养了一个被父母遗弃在路边的小男孩。男孩心理一直都感到很自卑，因为他觉得连自己的父母都不要他了，那活着还有什么意思呢？善良的老人了解了孩子的想法之后，为了能够帮助他恢复自信就想了一个办法。

他随手捡起地上的一块石头，交给小男孩说："明天你拿着这块石头去集市上卖，只是不能真的卖了它，你只要到中午回来就行。"

第二天小男孩听从了老人的话，带着石头来到了集市上。开始的时候，大家看他拿着一块石头叫卖，纷纷嘲笑他。小男孩很是沮丧，然而过了不久，有一个搞收藏的人看中了这块石头，要出二十块钱买。小男孩很吃惊，但是他还是拒绝了，因为老人说不能卖。

小男孩回去以后告诉老人，有人要出二十块钱买这块石头呢！

老人什么都没说，只是摸了摸他的头，告诉他明天再去黄金市场试试，要求跟昨天一样，不管有人出多少钱要买，都不要卖。

第二天小男孩带着石头来到了黄金市场，开始的时候开价特别低，因为小男孩不卖，所以越来越多的人开始聚集在此，石头的价格也越抬越高。当价格抬到一万的时候，小男孩实在忍不住跑回家去。

他问老人："这块石头有人开价一万了，我们卖不卖？"老人依旧回答不卖。然后让小男孩明天再去珠宝市场卖。

珠宝市场上人们都想见识一下这块多少钱都不卖的石头，于是小男孩的展位前挤满了人，人们纷纷出价，有人甚至要出二十万买下这块石头，小男孩都摇头否定。一时之间这块石头被传扬成了无价之宝。

小男孩的心中充满了迷惑，他回到家中不解地问老人："为什么同样是这块石头，在集市上只能卖到二十块钱，到了黄金市场就成了一万，而到了珠宝市场就能卖到二十万呢？"

老人笑着告诉他说："这块石头之所以能卖出那么高的价钱，是因为有你的珍惜，如果你不珍惜它，它就只是一块普普通通的石头而已。我们人也是如此，每个人的生命价值都是一样的，就看你怎么去看待。只有自己尊重自己，珍惜自己，不断地学习，你的人生才能够真正成为有意义的人生。所以，无论你处在什么样的环境中，都不要看轻自己。只有这样才能实现自己的价值。"

其实，我们每个人的人生都像是一块石头，需要我们去精心打造它，珍惜它。我们越是珍惜，努力去打造自己，就有可能成为一颗宝石；如果我们一辈子只觉得自己是一块石头，不去珍惜，不去打造，那么我们一辈子也就只能做一块没有价值的石头。

生命的价值能够实现取决于我们对待自己的态度，就像小男孩手中的石头一样，在不同的环境中拥有不同的价值，我们活得有没有价值和意义，还是要看我们自己。如果连我们自己都看轻自己，不知道珍惜自己，那么还有什么理由去让别人尊重我们、信任我们？更不要谈什么发挥自己的价值了。同样，我们也不能靠别人的看法和评价来确定自己的价值，每个人对价值的评判标准不同，只有自己才能做自己的主人。如果我们只是依赖于他人的评价来证实自己，那终究只是他人的价值，而不是我们自己的价值。所以我们必须要依靠自己实现价值。

要实现自身价值，最重要的就是能够做到不看轻自己。不要因为自身的长相、身高而觉得自卑，更不要因为他人的主观评价就对自己失去了信心。要知道我们每个人在这个世界上都是独一无二的，我们的价值也是其他人不可能做到的，倘若我们的生命在这个世界只有这一次，我们为什么不努力让我们的人生过得真实而有意义？

只要我们相信自己是独一无二的存在，我们并不比任何人逊色，谁也没有权利去轻视我们，尤其是我们自己。所以我们更应该要珍惜自己，把我们的人生过得像阳光般灿烂。

欢喜助人圆满人生

佛经记载，佛陀平日里非常愿意帮助别人，并常说："当我们欢欢喜喜去帮助别人的时候，也是在圆满自己的人生。"他还经常教导自己的弟子，为人子弟要像侍奉自己的父母一样侍奉自己的师父，同样，师父也要像爱护自己的孩子一样爱护自己的徒弟。不仅如此，我们在看到他人需要帮助的时候也要尽心尽力去帮助。这样做不只是帮助了别人，更是给自己带来福祉。

佛陀在教导弟子的同时以身作则，面对困境中的众生总是不遗余力地去帮助他们，他希望能够通过自己的实际行动来教会人们去欢喜助人，每一个善意的举动都会给我们带来大的福德。我们的人生也是在这一次又一次的积累中获得圆满。

佛陀的十大弟子中，有一个名叫阿那律的人，他刚出家的时候并不是一个擅长学习佛法的人。一次，佛陀正在宣讲佛法，阿那律听了没一会就听不进去了，开始打瞌睡。佛陀见他在下面坐着昏昏欲睡，于是将他狠狠地训诫了一番："咄男子！蛤蟆蚌蛤类；一睡一千年，不知佛名字。”

受过训诫之后的阿那律内心很是惭愧，为此他跪求佛陀能够原谅他的行为，并发誓再也不会在听讲时打瞌睡。同时他还下定决心一定要认真学习经文和佛法，成为像佛陀一样的人。佛陀感受到了他的诚心，原谅了他。从此以后，阿那律再也没有在佛法宣讲中打过瞌睡，并开始专心诵读经书，学习佛法。为了能够更快的学习佛法，阿那律经常放弃晚上的睡觉时间，通宵达旦的学习。由于他用心过度，导致眼睛失明了。阿那律虽然很伤心，但是他一直记得自己在佛陀面前说过的誓言，于是他克服失明后的种种困难，依然坚持学习经文。

失明给阿那律的生活带来很多不方便，特别是出门乞讨和自己缝补衣服。一天阿那律摸到自己的衣服上破了一个大洞，他想要自己缝上，但是穿了几次针总是扎到自己的手，却始终穿不进针孔里。阿那律心中很是着急。

佛陀知道了阿那律的困难之后，就来到他的房间里，取过他手中的针和线，穿上就开始帮他缝补衣服。阿那律不知是谁，就问：“是谁在帮我缝衣服呢?”

“是佛陀在帮你缝衣服。”佛陀一边回答，一边穿针走线的缝补着阿那律的衣服。

阿那律心中一惊，慌忙推辞说：“啊，佛陀呀！你的身份如此尊贵，我怎么能够让您帮我做这些琐碎的小事呢?”

佛陀回答说：“千万不要这样说吧，我和你们都是一样的，我帮助你也是在成就我的功德啊。同情他人，帮助他人，本就是我们的责任，我只是在尽自己的责任而已。”

听了佛陀的一席话，阿那律感动地流下了眼泪。众弟子也有所感悟，都开始以佛陀为榜样，互帮互助，并尽最大能力去为众人服务。

佛陀为了帮助阿那律，不仅给他缝补衣服，还仁慈地教会他金刚照明三昧，使得阿那律练得了天眼，又重新恢复了光明。看着满心欢喜的阿那律，佛陀的心中也充满欢喜，直到这时佛陀才对阿那律放下心来。

按理说佛陀已经如此受人尊敬，他集大智慧与大福德于一身，完全不需要再去照顾阿那律积攒福分，然而他却肯俯下身来帮助阿那律缝补衣服，实在让很多人都自愧不如。

佛陀在看到有人遇到困难时，总是非常乐意去帮助他们摆脱困境，当他在帮助别人时，总是非常高兴和情愿，从没有一句抱怨的话。在佛陀看来，能够帮助别人是一件让人欢喜的事情。当我们怀着欢喜的心去帮助别人时，这一福德不断圆满着自己的人生。

然而让我们回过头来看看我们现代人又是怎么做的：当我们看见路边衣衫褴褛的乞丐时，不但不给予同情之心，反而还会掩鼻而过；当我们看见有老人或者病人时，也不肯多关心一句，伸出一只援助的手，眼看着他们挤公交、摔倒在地，我们都睁一只眼，闭一只眼，假装没看见，甚至还有人在一旁看热闹……到底是什么让我们变成了这样？难道是经济的快速发展造成了我们的冷漠吗？现如今我们最缺少的就是佛陀欢喜助人的心。

要知道我们生活在这个世界上就不可能独立生存，我们不能将自己的生存与社会和他人隔离开来。我们需要他人的关怀和帮助，同样，他们也需要我们的关心和帮助。就像维维在《爱的奉献》中唱的那样：“只要人人都献出一份爱，世界将变成美好的人间。”

人们常说：“赠人玫瑰，手有余香。”在我们帮助他人的同时，快乐的是我们的内心。当我们看到别人在我们的帮助下摆脱困境，当我们在帮助别人后收到了一声感谢，我们的心中同样也会觉得快乐，没有什么事情是比给予更让人觉得快乐的了。我们在帮助别人的同时，也看到了自己的价值，证明了自己在这个世界上的存在感。

正所谓，“与人为善，与己为善。”我们在欢喜助人的同时也向接受帮助的人传递着一种正能量，也许正是因为我们的帮助，坚定了他们去帮助别人的决心，这种信念的传递将能够帮助更多的人，那么我们的世界真的将会成为美好的人间。这样的功德，怎么能够不使我们的人生变得圆满？

拈花微笑的快乐

佛语说："一花一世界，一叶一菩提。"这是说，就算是在一朵花中也能看到整个世界，一片叶子也可能成为菩提，即使从再小的一个事物上也能够看见整个宇宙的浩瀚。生命也是如此，不管我们的人生过得怎样，终究只是整个人类历史长河中的一滴水而已；在浩瀚的宇宙中，我们赖以生存的地球也不过只是一颗毫不起眼的行星。

所以，当我们这样想的时候，还有什么事情能够去困扰着我们的心？我们这一生总是不能静下来，像一朵花，该开的时候只管静静开放，该谢的时候便自顾自地枯萎。非要挣扎呀，折腾呀，人生短短几十年，我们为什么不能够让自己活得更充实、更自然？

就像《大梵王问佛决疑经》里记载的"拈花微笑"的典故一样，佛祖的大乘佛法就是顺其自然，溶于世界。

据传，释迦牟尼佛祖在即将进入涅槃之前，在灵山顶上召集众生为众生讲法。末了，佛祖说道："我即将涅槃，众人如有想问佛法的，就请尽快问。"

众生沉默。这时大梵天王双手高举一枝金色大婆罗花奉献给佛祖，献礼之后，请示佛祖说："您在成佛的五十年中用种种佛法教化民众，度化众生。倘若您还有最大乘的佛法未向我们这些愿意修行和归于佛教的人讲说，请您现在讲讲吧。”

佛祖于是接过大梵天王的婆罗花，无言无语，只是轻轻拈起此花向众人环视一圈。彼时，在场的百万余人并不知晓佛祖的动作是何用意，彼此面面相觑。唯有佛祖的大弟子摩诃迦叶明白了佛祖所示就是大乘佛法，于是合掌正立，对着佛祖会心一笑，默然不语。

佛祖见此便当众宣布：“吾有正法眼藏，涅槃妙心，实相无相，微妙法门，不立文字，教外别传，总持任持，凡夫成佛，第一义谛，今方付嘱，摩诃迦叶。”

佛祖最终将大乘佛法传于摩诃迦叶，而大乘佛法并无“实相”，也就是没有具体的文字，只可意会不可言传。

就好像我们肉眼所看到的这个包罗万象的世界，任何事物之间都有差异，即使是同一棵树上也不会有相同的树叶。什么是树，什么是花，什么是人？世界上存在的这一切不过是在无尽的空虚中产生的一瞬间的由生到死，从有到无。去掉它们的表现，它们的本质就是虚无。倘若如此，我们何不顺其自然生活就是。

山中草木的枯荣也是顺其自然的事情，荣枯都由天定我们也让它顺其自然去。

曾传药山禅师门下有云岩和道吾两名弟子。

有一天，师徒三人相约到郊外参禅。药山禅师发现远处的小山上有两棵树，一棵树长得枝繁叶茂，绿荫如盖，很是生机勃勃；而另一棵树则树干干枯，叶子飘零，看起来似乎已经枯死了。看到这种情景，药山禅师想着趁此机会试探一下两位弟子参禅悟道的功力到底如何。

于是他将两棵树指给弟子看，然后先问道吾，这两棵树是荣的这棵好，还是枯的这棵好。道吾满脸高兴地说：“自然是荣的好。”

然后他又去问云岩，那棵树好。云岩回答说：“我觉得枯的好。”

正在两位弟子讨论的激烈的时候，远处走来一位沙弥。药山禅师见此就拦住沙弥，问他："你觉得那两棵树是荣的好，还是枯的好？"

沙弥看了两棵树一眼说："荣的任他荣，枯的任他枯。"说罢沙弥便走了。

我们平时判断一件事物的好与不好，多是从我们的常识和认知上去判断，而这位沙弥看待问题却是能够从事物的本质上去评判，无论树木荣或是枯，都只是它们存在的方式。就好比是太阳从几万光年外照射到地球上的光，不论你觉得它是好是坏，它都一直存在着，等到它消亡的时候就自然不存在了。与我们的认知无关，心情无关。

同样，一件事物的好坏何尝不是出自我们自身的感受？我们心中所生的种种是非、美丑、善恶，也都只是我们的主观想法。于它们自身而言，都只是虚无的瞬间而已。所以我们又何必要在人生中为了这些终究成为虚无的事情去伤心、愤怒、失望呢？人活着，需要我们去做的和我们想要去做的事情很多，我们根本无法奢望每一件事情都能够按照我们的想法去完成，一切不肯放手的苦苦追求，都不过只是给自己徒增烦恼罢了。只有接受，一切顺其自然，才能在生活的各处都能发现快乐。

初祖达摩曾说："不谋期前，不虑其后，不念当今。"人生就不要想得太多，能够做到宠辱不惊，得失无意，才是真正的洒脱。做不成一棵参天大树，那就做点缀大树脚下的小草吧，同样能够接受大地的滋养，雨露的润泽；成不了伟人，就做一个平凡的人吧，同样呼吸着空气，享受着阳光。时间还分四季呢，既然我们能够欢喜与春的生机勃勃，那就同样也接受冬的寒风凛冽吧。没有什么是我们一定要得到的，顺其自然又有什么事情是我们所不能释然的呢？

只有我们领略了"拈花微笑"的智慧，才能够找寻到生活的快乐和幸福。下次遇到生活难题时，不如学学佛祖拈花而立，微笑面对吧，这样我们的人生才能过得快乐，不是吗？

第四章　道向己求，莫从他觅

“般若”：西天梵语，即东方语言的智慧。智者识本来、破邪恶、伏灾障；慧者性光明，破灰暗，摄精怪。言智慧，乃正知、正解、正愿、正行是也。人若无智慧，做事蠢恶，听从邪恶，感招冤孽，终难解脱。因不知世间万物和生命均瞬息万变，虚度人的一生。故应广学多闻，发省智慧，常觉不昧，不遂妄转，感而遂通，福至心灵。有智慧外能安人利物，利国利民，内能究生命本源，调伏身心，诸魔不侵，究生死大事，永得大安乐、大自在！

幸福是一种心的感觉

幸福的标准不同，就必然会有不同的答案。身体健康是幸福，家庭和睦是幸福，淡泊名利是幸福，工作顺利是幸福，事业有成是幸福，儿孙满堂是幸福，爱一个人是幸福，被别人爱也是幸福……幸福的原因有很多种，但总的来说，幸福还是由我们的心来决定的。人通常会有两种感受，一种是幸福，一种是不幸福，然而决定我们幸福还是不幸福的主宰是我们的心态。一颗积极向上的心，毫无疑问会影响我们对事物的感受，对我们内心的幸福感起着重要作用。

佛说，幸福是心的感觉。幸福和忧愁常常在同一时间来到我们的心门之外，而作为内心的主人，我们将它们谁邀请进来就必然会与谁同在，也从而拥有什么样的心境。如果我们邀请的是幸福，那么我们的心中将会装满快乐；倘若我们邀请的是忧愁，那么我们的心中就会充满忧愁。所以幸福是我们的一种精神上的享受，是一种能够让人感到内心愉悦的满足感。幸福并不来源于外界的人与物，因为在同样的世界中人各有异，关键还是在于我们用什么样的心去看待世界。同样都是一天，不同的心情去面对就会是不一样的色彩。

曾经有一个年轻人，因为家中贫困而对自己自暴自弃。他总觉得自己生不逢时，因此终日愁眉不展。

一天，一位云游的禅师无意中看到他如此痛苦，就走上前去问他：“年轻人，你怎么了，为什么看起来这么痛苦？”年轻人抬头看了看老禅师，说到：“我很痛苦，因为自己非常贫穷。”

老禅师看了看他，肯定地说：“穷？你哪里穷？我看你可是身价一千万呢。”

“这怎么说？”年轻人很是纳闷。

老禅师看他还没明白，于是反问道：“如果说，我弄断你一只手，给你一千元，你愿意吗？”

“不行。”年轻人坚定地说。

“那如果是给你一万块钱，要你断一条腿呢？”老禅师继续问。

“不行。”年轻人说。

“如果让你现在一下变成九十岁的老人，给你一百万行不行？”

“不行。”

“那用一千万换你一条命，你干吗？”老禅师继续开导他。

“当然不能。”年轻人说。

“你看，这样你岂不是已经拥有了一千万？所以你根本就是一个富翁，为什么还会说自己穷呢？”

年轻人听了这番话，突然就领悟了，从此不再抱怨，而是努力生活和工作，最终成为了一个幸福的人。

贫穷也好，富有也好，快乐也好，痛苦也好，其实都在于我们自己的心和感觉。你选择快乐就会活得快乐，你感觉痛苦，就会让自己活得痛苦。

有时候并不是我们寻找不到幸福，而是缺少去发现幸福的心。有句话讲的很好：“上坡上开满了鲜花，在我们看来就是一道美丽的风景，而在牛羊的眼中，却只是看到了饲料。”

人有的时候不是自己真的不幸福，而是对拥有的一切没有察觉。我们有没有时常觉得烦恼、生气、痛苦、不幸？我们有没有感受过快乐、兴奋、幸福、喜悦？无论是烦恼、生气、痛苦、不幸，还是快乐、兴奋、幸福、喜悦，都是形容我们感受的词语，而这些词语都是相对而言的。没尝过痛苦就不知道什么是幸福。不要总是等到感觉痛苦时才知道之前是多么幸福。

人的幸福总是从人们对它的理解和感受中来，当我们在饥饿时，有一桌热腾腾的饭菜，就会感到幸福；我们在深夜熬夜加班时，桌边有一杯牛奶，就感到幸福；我们在受到委屈伤心落泪时，有个人能够让我们扑到怀中大哭一场，就是幸福……然而我们也总是在抱怨，自己权利没别人高，房子没有别人大，工作没有别人好，丈夫没有别人的体贴，老婆没有别人的美貌，孩子没有别人的听话……这时的我们，哪里还有半点幸福感？

此时的我们就已然成为了将山坡上的鲜花看成是饲料的牛羊，不用自己的心去寻找幸福，而是一味地把消极注入我们的心中，这样必然会关闭了我们为幸福预留的心门。只有当我们能够常怀一颗感恩的心，学会知足常乐，懂得自我满足，不去计较财富、名利的得失，在加上一颗乐观开朗的心，就会发现其实自己一直都是幸福的。

幸福绝对不是依靠金钱和名利换回来的，我们常说，一个人穷得只剩下钱了。有一些这样的人，为了名利放弃家庭，放弃自己的健康，最后是家破人亡、妻离子散，还留下了一身病。试想一下，这样的人怎么能够感到幸福？

而那个靠着火柴的光亮来支撑自己幻想的卖火柴的小女孩，虽然她冻得瑟瑟发抖，但是她的心里依然感觉到幸福，即使是在奄奄一息的那一刻，她依然想象着是奶奶来接她了，知道是生命的最后一刻，她都能感受到幸福。这一切都是因为她的心是一颗喜悦的心，所以感受到的都是幸福。

其实，幸福并不像我们想象的那么遥不可及，高高在上。一个健康的身体，一个深爱的人，一声深沉的呼唤，一次朋友的相见，一盏温暖的灯光，一句关切的问候，一本书，一杯茶，一只猫……这些都能够成为幸福的感受。关于幸福，只要我们的心在，那么我们可以随时启程，去和幸福来个幸福的约会。

清净心是幸福的源泉

圣严法师说："谁能拥有一颗清净心，谁就拥有了幸福的源泉。"

生活中经常听到有人感慨，工作太忙，事情太多，生活太累，压力太大，以至于根本没有一天能够清清静静地度过。很多人希望能够在身体劳碌时，保持心灵的清静。很多人抱怨无法在繁忙的生活中保持一颗清净心。《维摩诘经·佛国品》上说："随其心净，则佛土净"。出家之人常常讲求要怀有清净心，只有心是洁净的，才能够将自己的心融入到佛法当中，才能够拥有一片心中的净土。

人也是如此，平日里我们看惯了纷繁复杂的世事，心也随之受到影响，凭空多出了许多欲望，原本是我们生不带来，死不带去的名利、钱财，我们现在却一门心思想要得到它们。为此我们终日奔波忙碌，丢失了幸福的源泉，变得钩心斗角，尖酸刻薄，抑郁寡欢。这样的人生本不是我们想要的，可是我们却不可避免地进入了这样的生活中。

海涛法师说："如果我们整天都为这繁杂的人际关系所困扰，被这些身外之物所束缚，我们就失去了原有的清净心。一旦失去清净心，这些烦恼痛苦便一刻也不会远离我们。”要想不被世俗影响，首先就是要净化自己的内心，保持内心的清净，这也就需要我们能够在修心上好好下功夫。

著名的禅宗大师，慧远禅师就曾经经历了修心的磨练。

当时年轻的慧远禅师非常喜欢四处云游，常常独自一人到处游走。慧远禅师二十多岁的时候，在云游的路上结识了一位特别喜欢抽烟的人，他们两人结伴同行，一起爬过了一条崎岖的山路。中途休息时，路人非常喜欢慧远禅师这个朋友，就将自己特别喜欢的烟，让给慧远禅师一袋。慧远禅师收到馈赠后，内心非常欢喜。后来两人越聊越投机，路人干脆将自己的烟管和烟草都送给了慧远禅师。

又走了一段时间，由于路不相同慧远禅师告别了路人独自上路。突然他想到：“烟草这东西着实让人上瘾，时间长了一定会对我的禅定有影响。这种坏习惯一旦形成会很难改正，我看还是趁早远离的好。”于是他从包袱中掏出烟草和烟管，放到路边的草丛中继续赶路。

又过了几年，慧远禅师无意中接触到了《易经》，又开始一门心思地钻研上了《易经》，并且很快就到了炉火纯青的地步。这年冬天天气异常寒冷，于是慧远禅师决定给师父写一封信，让他老人家给寄过来一些御寒的衣服。但是信寄出去几个月了，也没见衣服寄回来。眼看冬天就要过去了，慧远禅师便决定用《易经》来卜一卦，结果一算才知道原来那封信半路就丢了，根本没有寄到师父手中。

卜完卦，慧远禅师想到：“《易经》卜卦这么准，要是我遇到什么事都去占卜，那么一定会影响我全身心地投入到参禅中，我不能再这样下去了。”从此以后，他便放弃了对《易经》的研究，也不再用它占卜。

再后来，慧远禅师又喜欢上了练书法和写诗歌。他将所有的时间都用在了练习书法和钻研诗歌上，很快就赢得了一些书法家和诗人的欣赏。大家常常聚集他处，一起观赏慧远禅师的书法和诗歌。

很快慧远禅师就发现自己已经偏离了禅修的正道，他自己反省到："如果我再将精力放在这些东西上面，那么我以后很可能就成为一名诗人或者书法家，却不是我一心希望成为的禅师。我必须停止这一切。"

从那以后，慧远禅师再也不去舞文弄墨，大写文章了。不仅如此他放弃了一切会影响他禅修的东西，将十分的心思全都用在了参禅悟道上，终于修成正果，成了一代禅宗大师。

我们在追求一颗清净心的时候，也应当向慧远禅师一样，懂得不断地洗涤自己的心灵，主动的远离使我们产生欲望的事物。很多时候欲望在主宰着我们的心，它将我们拉向世俗的挣扎中，使我们的心不得清静，生活远离幸福。所以，我们要克制自己的内心，不被欲望所驱使。

人是生活在俗世中的，我们不可能脱离现实而存在，所以就无法避免俗世的欲望爬上我们的心头。就连一代大师慧远禅师也曾经有过受到欲望诱惑的时候，更何况我们这些普通人。这样说并不是要让我们放弃保持自己内心的清净，而是要学习慧远禅师，时时保持自省。古人曾说："吾日三省吾身。"也是告诉我们人要经常反思自己，不要丧失真我的本性，保持一颗清净心。

很多人抱怨这个世界欲望太多，要想在这个欲望都市中保持洁净的心灵，实在是一件非常困难的事情。我们的心常常随着不同的场合而变化，举个例子说：某天一群人集体去参加一个葬礼，当他们进入殡仪馆的时候，可能每个人都会有所醒悟，觉得人生在世无论拥有什么到头来都是一场空，何苦还要去追名逐利呢？然而当他们走出这个殡仪馆，刚才的想法就成了过眼云烟，他们投入到生活中，继续去追名逐利，忘了当时自己内心的感受。

正是因为这样，能够保持一颗清净的心，才成为了一件困难的事情。也正是因为如此，越来越多的人感觉不到生活的幸福。他们的心已经被欲望的灰尘所遮盖，只有及时沐浴清洗，才能恢复清净，获得幸福。

不要再抱怨我们存在的世界如何不好，正所谓，“参禅何须山水地，灭却心头火亦凉。”只要我们能够抛开自己心头的杂念，放下对名利的妄想，即使是投身到欲望的洪流之中，也依然能够修得一颗清净的心。

甘于淡泊，乐于寂寞

“甘于淡泊，乐于寂寞”，是一种生活态度，淡泊是我们用淡定的态度去面对人和事，不争执，不焦躁。正所谓“淡中出真味，常中识英奇”，一个人越是甘于淡泊就越能够品味出生活的真谛。“乐于寂寞”则是人生的一大智慧，一个能够忍受寂寞，并享受于寂寞之中的人，一定是一个睿智之人。寂寞是一种折磨和忍耐，它让我们更成熟，更理智。

罗曼·罗兰曾说：“世上只有一种英雄主义，就是在认清生活真相之后依然热爱生活。”其实生命的过程本身就很平淡，就像是一片树叶，从泥土中长出来，开始是嫩绿，然后是碧绿，或者泛红，最终还是变为褐色，在风中飘落下来，归于尘土之中。世间万物皆是遵循这样的自然规律生存着。

生活本身就像是一杯平淡的白开水，只是很多人都根据自己的喜好加入了不同的调味品。有的往水中加糖，有的加盐，有的加茶，所以我们的生活才出现了各种各样的味道，生活也才呈现出了人生百态。然而无论我们在生活中加入什么，生活最终都会归于平淡。

可是有些人并不明白这个道理，一定要改变生活的平淡，于是便有了争名逐利，争权斗势，他们一心想着削尖了脑袋往上爬，就是为了能够得到更高的地位，更大的权势，更多的财富。殊不知，他们一心想要得到的，最后都只是一场空。既然如此，为什么我们不能够去尝试着用淡泊的心去看待生活呢？

《名师谈禅》一书中说："一个拥有安详的人，他没有不满，没有怀疑，没有嫉妒，没有牢骚，没有抱怨，没有恐惧。所以他是生活在满足中的人，他的人生是享受的人生。"一个甘于淡泊的人，总能够在生活的平淡中发现快乐、享受快乐。

有一位年轻人，因为心中烦躁不安于是决定去河边钓鱼来缓解自己的情绪。他的旁边有一位头发花白的老人也是来钓鱼的。两个人的位置挨得很近，但是彼此都没有交流。一段时间过后，老人已经接连钓上来好几条鱼，而年轻人却连一条咬钩的鱼都没有。

时间一长，年轻人终于沉不住气了，他忍不住开口问老人："我已经观察您一会了，我们俩坐的位置差不多，鱼饵用料也一样，为什么你的鱼钩总是不停地有鱼上钩，而我这连一条咬钩的鱼都没有？莫非你有什么秘密？"

老人看了看年轻人，笑着说到："小伙子，虽然咱们都是在这里拿着鱼竿钓鱼，可是你是在钓鱼，而我是在垂钓。我垂钓跟钓鱼是不一样的，我垂钓的时候心里从来不会想着鱼什么时候要上钩，我只感觉到我自己的存在，并不去在意鱼。有鱼上钩我不觉得喜，没鱼上钩我不觉得忧。我的内心很平静，鱼感觉不到我的存在，也就不会想要逃跑，这样一来自然会上钩。

而你是在钓鱼，你钓鱼的时候一心想着要钓上鱼来，所以总是目不转睛地盯着鱼，鱼要是不上钩，你就觉得情绪暴躁，你的情绪会通过鱼竿传到鱼饵，这样鱼感觉到你的情绪就逃开了，自然不会有鱼上钩。倘若你的心不那么急功近利，自然也就能够像我一样钓到鱼。"

年轻人听后恍然大悟，原来钓鱼也是一件修身养性的事，如果你太过注意名利，反而会被名利所累，如果你不甘忍受寂寞，就一定不会得到收获。倒不如保持一份淡泊的心，欢欣接受寂寞的来访，反而更能够收获生活的幸福。

人世间最难得的就是能够拥有一颗淡泊的心和能够忍受寂寞的胸怀。在生活不被世俗所诱惑，不为名利而迷失，看穿世间浮华，看透胜负输赢，抛开荣辱得失，从而能够对生活世事拿得起、放得下、看得开。保持一颗淡泊的心，才能够在艰辛中悠然品味人生，在宁静中洗涤净化我们的灵魂。

不要抱怨做一个淡泊的人太过无味，真正解渴的水，不是饮料，不是果汁，而是白开水。同样甘于淡泊，乐于寂寞的人生，才是真正的人生。人生中真正的大智慧，都来自于淡泊的体会和寂寞的参悟。一个人能够在世俗的潮流中把握好自己，对金钱、权利有所求而又有所不求，追随人的本性而开始，追求人的本性而结束，能够在淡泊中求得人生真谛，在寂寞中求得人生坦途，这样的人生才是真正的人生。

无论我们的未来充满了怎样的未知，都不要轻易抱怨自己的人生。每个人的人生都不尽相同，关键在于我们如何看待。也许我们的一生都只是平平淡淡的度过，那又有何妨呢？没必要一定要去做一些轰轰烈烈的大事，放下身段，接受平平淡淡的生活，做一个淡泊的小人物，安心做我们父母的儿女，做老板的好员工，给自己的另一半一个幸福的人生，这就足够了。

最是难得平常心

佛教认为，一个开悟的人，懂得用平常心来看待生活的人，无论遇到什么样的事情都能够看得开、放得下，即使遭遇再大的困难和灾难，也不会心生畏惧，生活中所遇到的事情都能够随缘看开。这样的人永远不会在滚滚红尘中迷失自己的本性，因此也能够获得内心的平和与喜悦。

著名的马祖道一禅师曾用一段精辟的语言，概括出平常心即是道：“无造作，无是非，无取舍，无断常，无凡无圣。只今行住坐卧，应机接物，尽是道。”正是这种没有造作，不争是非，不计得失，随遇而安的心态，才能让人保持平常心，从而消除内心的狭隘、偏执和狂傲，抛开尘世间的浮躁与虚华看透生活的本质，脚踏实地地走好生命中的每一步。

平常心就是要凡事看开，顺应生命的自然规律，不造作，不偏执。就像故事中的老师父一样，对待问题顺其自然，一切随缘。

一间小小的寺院内，住着小和尚和他的师父。此时正值三伏天，火辣辣的太阳炙烤着大地，没几天寺院内的草地就被烤成了枯黄一片，使得寺院更显荒凉和破败。

师父完全没有注意到这一景象，小和尚却再也看不下去了。于是他找到师父的禅房，告诉正在打坐的师父：“师父，你看咱们寺院里的小草都枯了，实在是看着难受，咱们赶快撒些种子，好让它们快些发芽吧!”

师父继续闭着眼睛，沉思片刻说：“不要着急，这种事情要随时。急不得。”

过了几日，师父拿着种子去找小和尚，告诉他说：“现在你可以去种了。”

小和尚高高兴兴地拿了种子去播种，正当他撒种时，天突然刮起了风，一阵风过后，小和尚发现虽然自己撒了不少种子，可是几乎有一半都被风吹走了。

小和尚内心很气恼，回到房中告诉师父：“师父啊，我撒种子的时候刚好来了一阵风，吹走了好多种子，这可怎么办啊?”

师父似乎一点也不生气，他平静地说：“不要紧，风吹走的种子多是空壳，即使你撒下去它们也不会发芽，这事要随性。”

没一会儿。院子里飞来了几只小鸟，小鸟发现了种子，纷纷落在地上刨食。小和尚看见了，心里非常着急，对着小鸟又是轰又是赶。并急急忙忙跑回禅房向师父报告："师父，不好啦，院子里来了一群小鸟，要把种子吃光啦!"

师父抬头看了看他，说："不要着急，种子还多着呢，鸟儿不可能吃完的。种子我们已经种下了，至于能不能长出来，这事要随遇。"

当天晚上，刮起了一阵狂风，紧接着就是一场暴雨，院子里水流成河，好多种子都被冲走了。

第二天一早，小和尚就来到了师父的禅房，哭丧着脸说："师父，这下全完了，我们撒的种子都被水冲走了。"

师父回答说："冲走就冲走吧，水把它们冲到哪里它们就在哪里发芽，这又有什么好伤心的。一切随缘即可。"

又过了几日，之前光秃秃的一块地上长出了许多新芽，就连没有撒种子的地方也有不少绿芽。小和尚看见了，心里非常高兴，急忙跑去报告师父，他兴冲冲地说："师父啊，你快出来看看呀，我们的种子发芽啦!"

师父依然是一脸的平静，他说："嗯，我想应该是这样的，我们随喜就好了。"

这件事情告诉我们，生活中什么事情都有可能发生，有时候甚至会让我们应接不暇，然而我们要学习师父，能够用一颗平常心去对待一切。当我们用平常心去看待生活时，就不会为了一些小事而苦恼。

一个人能拥有一颗平常心，主要源于他对现实有着清醒的认识，是洞察了人世间的各种浮华之后的明智与平和。她们抛开世俗的纷杂，追求一种清静和安然的生活，用一颗超然的心去看待人生，平和地接受生活带给我们的挑战，并且能够坦然面对。

然而平常心说起来容易，真正想要拥有却很困难。我们的人生中充满不顺利、不如意，对于大多数的人来说要面对这些大喜大悲的事情，实在是很难做到心如止水。当生活带给我们过多的顺利和喜悦时，我们往往忘记了“得之不喜”；而当生活充满艰难险阻时，我们往往又会怨天尤人。倘若我们想要拥有平常心，那么就要尝试着让我们的心学会面对，在得失、取舍之间，把心安定下来。古人范仲淹曾告诉世人，平常心就是：“不以物喜，不以己悲。”我们在面对财富、地位、利益时所表现出的人生态度，其实就是我们个人修养程度的表现。

美国总统罗斯福家中曾经被盗，所有值钱的东西都被偷走。罗斯福的朋友纷纷前来安慰他，而罗斯福却平静地说：“我现在并不伤心，反而很庆幸。因为盗贼并没有伤害我，而且他并没有偷走所有的东西，还有就是幸好做贼的人是他而不是我。”

如果这件事发生在我们身上，相信我们都会表现得非常气愤，并且会非常痛恨那个偷了我们东西的小偷。然而罗斯福却并没有如此，他只是用平常心去看待这种得失。因为财物再多也比不上生命重要，而且得失自有天命，何必为了这件事去影响自己的心情呢？也正是因着这件事，朋友们对罗斯福以平常心看待得失佩服不已。

在我们一生中，必然会经历这样那样的坎坷、挫折，无论是面对顺境还是逆境，只有我们做到心无杂念，宠辱不惊，才能够拥有一颗看透世事，追求沉静的平常心。

知足之人，富乐安稳

佛教一向主张人凡事一定要知足，而知足是一个人获得幸福安了的不二法门。《佛遗教经》上说：“若欲脱诸苦恼，当观知足。知足之法，即是富乐安稳之处。知足之人，虽卧地上，尤为安乐。不知足者，虽处天堂，亦不称意。不知足者，虽富而贫。知足之人，虽贫而富。不知足者，常为五欲所牵，为知足者之所怜悯。”意思就是说，要想摆脱人生中的诸多烦恼，首先要做的就是知足。知足的人才能获得富乐。一个内心知足的人，即使是躺在地上，也依然觉得安乐。不知足的人就算是身处天堂之中，也仍觉得不满意。不知足的人，即使富有也感到贫穷。知足的人，看似贫穷实则富有。不知足的人常常受到欲望的拉扯，反而让知足者觉得他可怜。

不仅仅是佛法主张知足，中国的传统文化也同样告诫人们要懂得“知足常乐”。诸葛亮的“宁静致远，淡泊明志”，陶渊明的“采菊东篱下，悠然见南山”等等，都表明了他们知足常乐的心态。

知足常乐不仅是一种乐观的心态，更是一种人格修养的体现。英国一位哲学家说，很多人觉得自己贫穷，其实并不是真的贫穷。贫穷只是我们的一种心理状态，当我们感觉自己穷的时候，即使我们有一千万，也还是贫穷。一件事情我们满足与否，都是相对的心理感觉而已。当我们的感觉知足时，即使我们得到的比其他人都少也能感到满足；而当我们不知足时，就算比别人拥有的都多，也依然是不满足。正因为如此，知足常乐对于我们来说才尤为重要。

特别是在这个物欲横流的世界，到处都是诱惑，倘若我们不知足，就必然会为名利、财富所束缚，所以我们才更要告诫自己，要知足。正所谓，“自净其心延寿命，无求于物长精神”，只有知足，不过分追求物欲，才能够获得更多的快乐和幸福。

曾经有一个非常虔诚的和尚想要禁欲苦行，于是他离开居住的村庄独自去了深山隐居修行。去修行之前他只带了一块布做衣服，几天以后他去洗衣服的时候发现只有一块布没有办法换洗，于是他就决定下山去向村民讨要一块布做换洗衣服。

村民看在他虔诚修行的份上，很热情的送给他一块布。和尚就回到山中继续修行。不久他就发现他居住的山洞中有一只老鼠，每当他专心打坐的时候，老鼠就会去咬他讨回来不久的那块布。他不愿意杀死老鼠，又没有办法将老鼠赶走，思来想去他决定去找一只猫回来把老鼠吓跑。

于是他再次下山向村民讨回来一只猫将老鼠赶走。然而他在山中只靠一些水果和野菜充饥，猫却不吃这些东西。他心想：我不能让猫饿着，如果有头奶牛在就好了，这样猫就可以喝牛奶了。

于是他又下山向村民讨来一头奶牛。可是奶牛每天都要喂草、喂料，还要给猫挤牛奶。时间一长和尚觉得这样太浪费自己修行的时间了，于是他又回到村中，找到一个无家可归的流浪汉，于是将他带上山来和他一起居住，同时让他照顾那头奶牛。

然而时间一久，流浪汉开始心生不满，一天流浪汉向和尚抱怨说："您是修行之人，而我是个普通人，我需要一个老婆，我希望能过上正常的家庭生活。"和尚想了想，觉得流浪人说的确实有道理，确实不应该让他跟我一样过苦行生活。

于是，他为流浪汉在山下找了一个老婆，带山上让他们生活在一起。后来流浪汉的老婆又将她的父母接上山来。

……

就这样，不到半年的时间，整个村庄都搬到了山上。和尚也失去了可以静心修行的环境。

明明是一场禁欲的苦行，最终演变成了一场闹剧。和尚的不知足，一步一步毁掉了他的修行。开始只是需要一块布，到最后发展成整个村子搬上山。欲望就是这样让我们一步一步地沦陷，我们的不知足，让我们不断地去索取，去要求，最终的结果却反而是失败。

在社会发展越来越进步的今天，我们的物质生活也越来越丰富，按理说生活水平提高，会提高我们的幸福感，然而现在的我们反而越来越难感受到幸福。相反，我们常常觉得自己活得不快乐，生活不富裕。归根结底，都是因为我们不懂得知足，缺少一颗知足的心。

曾经有一个富翁问一位智者："为什么有些人房子没我的好，衣服没我的值钱，饭菜也不如我的好吃，却依然比我活得快乐?"智者回答说："因为那些人懂得知足，只要拥有一点点就觉得满足和快乐了。"富翁说："我的愿望也大多都能实现，可是我还是不快乐。"智者问："你吃饭的时候想些什么?"富翁回答："想怎样才能吞并竞争对手。""那你睡觉的时候呢?"智者又问。"当然是想吞掉他们以后我能得到多少好处。"富翁说。"难怪你不快乐"，智者说，"因为你根本就不知足，吃饭的时候就应该享受美味，睡觉的时候就应该只管睡觉，想那么多怎么能快乐？只有知足的人才能享受快乐。"

人生所有的烦恼都来自不知足。然而我们所想要拥有的，不过只是过眼云烟而已。古人有云："良田万顷，日食三餐，广厦万间，夜眠八尺。"所以，我们所想要得到的，很多时候对我们来说都是无用的。那么，我们何必要自寻烦恼呢？人生在世，最珍贵的就是能够拥有一颗知足的心。只有知足的人，才能获得安稳的富乐。

惜福，福才会厚实

"惜福"是我们中华民族的传统美德，是中国五千年文化的传承。古人有，"俭，德之共也；侈，恶之大也"的说法，意思是说勤俭是一种美德，而奢侈、浪费则是一大恶习。不仅如此，像"谁知盘中餐，粒粒皆辛苦"、"成由勤俭败由奢"等都是告诉我们要勤俭节约，珍惜我们所拥有的，因为这一切都来之不易。

很多历史伟人也都“惜福”、“勤俭”当作是修身齐家治国之道。著名的军事家诸葛亮就常把“静以修身，俭以养德”当作是修身之道；明朝末年的思想家、教育家，朱柏庐在《朱子家训》中写到，治家就要做到“一粥一饭，当思来之不易；半丝半缕，恒念物力维艰”；我们伟大的毛泽东同志也将“厉行节约，勤俭建国”看作是治国之法。所以，不管时代怎么变迁，人生的道理并没有变。

俗话说，“井涸而后知水之可贵，病而后知健康之可贵。”就是劝我们要懂得惜福，我们今天所拥有的一切都是一种福分，倘若我们不懂得珍惜，福分便会离我们而去。福分就像是我们的健康，如果我们珍惜它，那么它会越来越健康，我们的福分会越来越多；如果我们随意的挥霍浪费，那么总有一天我们的身体会变垮，我们的福分也就消耗完了。所以，惜福的关键在于要珍惜当下，要从现在开始，马上投入行动，并做到长期坚持下去，这样我们就会成为一个幸福的人。

当我们拥有福分时千万不要挥霍浪费，一定要好好珍惜。曾经有人就因为不懂得珍惜福分，而让自己抱憾一生。

在欧洲的某个国家，有一位年轻帅气的经济学家。一天一位年轻漂亮的姑娘敲响了经济学家的门，经济学家打开门发现是一位漂亮的姑娘，顿时对她心生爱慕。

姑娘看到他之后告诉他说：“亲爱的经济学家，我已经仰慕您多时，今天忍不住要向您告白。我希望你能和我结婚。如果你娶了我，我一定会让你成为这个世界上最幸福的人。如果你不答应，那么你将失去全世界最爱你的人，而且你以后都不会再找到向我这么爱你的人。”

年轻的经济学家本想答应，可是转而一想觉得太不谨慎了，于是他告诉姑娘说：“这样吧，你让我再考虑一下。”姑娘便告别了。

从这一天以后，经济学家陷入了矛盾和斗争中，他开始研究结婚和不结婚分别有什么利弊。后来他想，关于不结婚这件事的利弊他很清楚，因为他本人就是单身，然而对于结婚这件事情，他还没有尝试过，只是听别人说没有办法弄清楚。于是他终于下定决心去姑娘家，告诉她他同意要跟她结婚了。想到这里，他兴奋得一夜未睡，第二天一大早就去了那位姑娘的家。

他来到姑娘家门前，敲开了门。迎接他的是姑娘的父亲。经济学家内心很是忐忑，他坐下来后平静了一下心情，对姑娘的父亲说："当时你女儿问我要不要娶她，现在我想明白了，我决定要娶她为妻。"

父亲奇怪地看着眼前的这位年轻小伙子，叹了口气说："真是抱歉，你来晚了，我女儿三年前就已经结婚了，她现在是三个孩子的母亲。你要是早三年过来也许还赶得上。"

经济学家内心很是后悔，倘若当时答应了她该有多好。然而再也来不及了。从此他开始变得郁郁寡欢，不到半年的时间就抑郁而终了。临死前他将所有的亲戚叫来，只留给他们一句话："上天赐给你的福分一定要好好珍惜，不要等失去之后再去哭泣。"

人世间有很多这样的人，拥有时不知珍惜，失去后却追悔莫及。总是给自己的人生留下一些遗憾和失落。殊不知，只有懂得惜福的人，才会有福。我们要学会珍惜眼前的幸福，切不可只看到他人幸福，却忽略了自己身边的幸福。一心想要追逐遥不可及幸福的人，终究会错过自己的幸福。

生活中，我们常常会羡慕别人多么多么有钱，日子过得多么多么幸福，却始终不肯低下头看见自己的幸福，珍惜自己的幸福。

有两位多年未见的朋友，一个是普通工人，一个是企业老总。两人相见之后，工人非常羡慕老总，觉得人家那生活才叫生活，自己充其量只能叫生存。说话间充满了羡慕。老总告诉他自己过得并不好时，他说老总是在开玩笑。于是老总说："既然你不信那就跟我一起待上几天试试吧。"工人欣然同意了。

第一天，老总不停地接电话处理公司的事情，还有一半时间是在飞机上。第二天一早他们下了飞机，赶往一个会议中心，开完会又立马坐飞机返回，下午刚到就约了客户见面，晚上还要应酬到十二点。好不容易有几个小时睡觉的时间，还没睡稳，就有电话打来，催着签字。于是新的一天又开始了。到了第三天，工人就受不了了，他主动提出要回去。老总挽留他再多住几日，他怎么也不肯答应，并告诉老总说："以前一直以为你过得很舒坦，可是现在我才发现根本不是。你每天忙得连回家的时间都没有，连睡觉都睡不安稳。我现在反倒觉得我的日子比你幸福了。"

很多时候我们羡慕别人，都只是看到了表面而已。别人风光背后的艰辛我们没有看到，就开始嫌弃自己的生活，而因为这些，迷失了自己幸福的却大有人在，所以我们才会活得痛苦。如果我们懂得惜福，就不会为这些事情而感到苦恼。所以我们更应该好好爱惜自己的福分，将福分延续下去。

第五章　养德积厚，才能广结善缘

“慈悲一切”的慈悲是佛法的宗本，离开慈悲就没佛法，也没有佛、菩萨。慈，是把世出世间的得益安乐给予众生；悲，是拔济众生的苦难，解决众生生死的根本。我们看到菩萨像：观音、文殊、地藏等菩萨总是法相庄严、富贵，这是因为修了无量无边的慈悲心，所得的无量无边的福德。罗汉多半脸颊清瘦，两眼或凹或凸，表示只有智慧，但悲心福德不够。

宽厚待人，广结善缘

古人云："江海所以能为百川王者，以其善下之也。"帛书《周易》中也提到，"地势坤，君子厚德以载物。"还有我们常说的，"有容乃大"、"惟宽可以容人，惟厚可以载物"等都是告诉我们同一个道理：宽厚待人，才能够广结善缘。天地之间最为厚道的东西就是大地，正因为如此，大地才能够承载一切，如果我们做人也能够像大地一样，用深厚的道德修养来对待别人，我们就能够包容万物。

宽厚待人这种包容的胸怀，主要表现在我们对他人的理解和宽容。古代思想家孔子非常推崇宽厚、容忍的气度，《论语》中有很多内容都涉及到这一点，比如："躬自厚而薄责于人，则远怨矣"、"宽则得众"等等，都是主张对待他人要宽容、厚道，在遇到矛盾或者受到他人非礼待遇时，不能去抱怨、指责别人，而是要反省自己，检讨自己，看看自己是否做到了宽厚待人。

孟子也曾说："有人如此，其待我以横逆，则君子必自反也：我必不仁也，必无礼也，此物奚宜至哉？"意思是说，如果有人无礼的对待我们，我们需要反思，一定是自己做得不好才会让别人用这样的态度对待我们。一个宽厚待人的君子，要有着一颗博大的心，面对别人的无礼，更要严格要求自己，然后加倍去宽容和忍让他人。所以，孟子说：“爱人者人恒爱之，敬人者人恒敬之。”我们用爱去对待别人，必然会收获爱；我们尊敬别人，必然会得到别人的尊敬。一个宽厚待人的人，一定能够得到更多的善缘。

人难免会犯错误，重要的是我们用什么样的心态去看待问题。如果我们能够用宽厚的胸膛容纳别人的错误，一件事情很可能就会大事化小，小事化了，我们也会得到别人的敬重。如果我们斤斤计较，死不放手，反而会将事情扩大到不可挽回的地步，若真是这样恐怕我们自己的心里也不会好受。如果宽容能够化解人和人之间的矛盾、争斗，让人与人之间的关系更融洽，那我们又何乐而不为呢?

宽厚待人向来为历朝历代的君子所推崇，所以就有了很多值得我们学习的故事。

东汉时期，汉帝为了与各个邻国结成友好关系，派班超一行人去西域联络附近国家。当时很多国家都已经同意与汉朝和好，然而有一个叫龟兹的国家仗着自己兵强马壮不肯与汉和好。班超一行人便转路去了乌孙国，乌孙国王同意和好，于是便派了使者前去长安拜访，受到了汉帝的友好款待。使者访问告别时，汉帝派侍卫李邑携带礼品护送无损使者。

然而李邑等人途径天山南麓时，刚好经过于阗，此时前方传来龟兹要攻打于阗。李邑心中感到非常害怕，生怕卷入到战争中去，不愿前行，可是不前行就是抗旨不遵，一样是杀头的大罪。无奈之下，他决定上书朝廷，在奏折中他中伤班超，说班超只懂得享受，根本就不是个能臣，痴迷于享受中早就乐不思蜀，并且还说班超所提出的通过联络乌孙国来牵制龟兹的方法根本没用，只是在浪费时间，完全没必要非要跟乌孙国交好。

班超得知李邑上书的消息后，心中很是作难，虽然明知李邑在从中作梗，但是又不愿与李邑结仇，他担心被李邑说了坏话，皇上肯定会起疑虑，于是决定上书给朝廷说明个中情况。

汉帝非常信任班超，明白班超是一名忠臣不会做出这样的事情，于是下旨责骂李邑，并传话告诉他：“即便是班超纵情享乐不似回朝，那跟随他去的一千多名士兵也都不想回来吗？不要总是做一些度人之腹的事情，安分管好自己就好。”不仅如此，汉帝还命令李邑马上加快速度与班超汇合，同时还要接受班超的管制。

接到圣旨的李邑，只能无奈地去乌孙国与班超汇合。本想着班超一定会因为他的诬陷而难为他，没想到班超完全没有为这件事情而难为他，班超不计前嫌地接待了他。

送回乌孙使者以后，班超说服乌孙国王派王子去长安朝见汉帝，并打算由李邑护送回朝。此时，有副将劝告班超：“这个人过去可是诬陷过您，让您的名誉受损，此时可是将他扣押的好时机，将军为何反要把他放回去呢？”

班超回答说：“倘若我将李邑扣下，那我岂不成了小心眼的人了？大丈夫就要有大度量，能容人，公报私仇是绝对不能干的。我只要自己行得正坐得端，就不怕他人说坏话。”

后来，这话传到了李邑的耳中，李邑对班超很是佩服和感激，从此以后便再也没有说过任何人的坏话。

其实在生活中，常常会有人不小心做了伤害到我们的事情，如果我们一直耿耿于怀，不肯原谅对方，那我们很有可能失去这个朋友。但是倘若我们能够表现的宽容大度，原谅他们的错误，反而更能够拉近朋友之间的距离。

俗话说：“金无足赤，人无完人。”世界上没有十全十美的人，也没有十全十美的事情，难免会有一些事情触犯到我们的利益，这个时候千万不要太多斤斤计较，如果计较太清楚，那么我们人与人之间就无法正常的交往，正所谓，“水至清则无鱼，人至察则无徒”，只有我们用宽厚容忍的心去对待他人，才能够结交更多的朋友，赢得更多的尊重。拥有一颗宽厚待人的心，我们的人生之路才会越走越宽，越走越广。

单纯的心更重要

法国散文家弗朗索瓦曾经这样赞美单纯：“单纯是灵魂中一种正直无私的品质，与真诚比起来，单纯显得更高尚，更纯洁。”他将单纯看作是人类最宝贵的品质。

然而在生活中，我们身边有很多这样的人，他们对人真诚、热情，却并不单纯。他们害怕遭受误解，害怕受到歧视，内心深处非常害怕自己的行为会受到伤害。为此，他们总是时时刻刻关注着自己的行为，处处斟酌着自己要说的话，做事情时总是不断反省自己，与人交往时总是小心翼翼，非常谨慎。不是担心自己做事过头，就是担心没有做到位。

正因为如此，他们才难以同他人坦然相处，别人和他们的交谈也变得小心翼翼。因为心已不再单纯，所以他们无法做到坦率、随意。虽然他们也很热情、诚恳，可是依然感觉缺少些什么。人们都愿意同那些坦率、不矫情、不虚假、内心单纯的人交往，因为这样的人更能够让人产生共鸣，这样的人也才是符合人性要求的人。

随着岁月的增长，我们的心在尘世中摸爬滚打，难免会沾染上灰尘，这时候就需要我们时时拂拭，才能还原单纯的心。佛祖认为，一个人的单纯就在于既不过激，也不太沉静，不会一心放在外界的人事物中，也不过分苛责自己内心，时时审视。如果我们能够做到挣脱尘世羁绊，抛开对过去岁月的依依不舍，我们便拥有了单纯。

单纯，永远存在我们心中，当我们心中无尘，便能够单纯面世；如果我们心生灰尘，便会一叶障目，遮住自己的单纯。

从前有一个非常信佛的居士，常年吃斋念佛。有一天他上山去寺中寻找佛光禅师，见到佛光禅师以后告诉佛光禅师说：“老禅师，我因为敬仰您所以才来这里找您。最近一直有个问题困扰着我，我不知道该如何解决这个问题，想请您指点一二。”

佛光禅师问：“是什么问题呢？你说来听听。”

居士说：“我一心信佛，念佛拜佛已经有20多年了，最近发觉在念佛号的时候，感觉跟以前不太一样了。”

佛光禅师接着问：“你感觉有什么不一样呢？”

居士说：“我过去在念佛号的时候，总感觉佛就在我心中，即使我不大声读出佛的名字，心中也仍然会有佛声不断涌出，就算是不想念，心中的声音也会绵绵不绝的出现。”

佛光大师赞许地说：“这很好呀，说明你学习佛法已经达到了一个非常高的境界了。你已经找到了自我最本质的初心，应该高兴才对，何故会感到困扰呢？”

居士说：“您真是过奖了。关键问题就在于我现在不行了，我即使读着佛号，也依然感觉不到心中的佛声，我的初心已经不见了。”

佛光禅师疑惑地问到：“你的初心怎么会突然不见了呢？”

居士回答说：“因为我之前与佛心心相印的心不见了，从前存在心中的佛声也不出现了，而且我怎么也找不回来了。我现在非常苦恼这件事情，您能告诉我我该怎么办吗？”

佛光禅师沉思了一下，开导他说：“要想寻找你的初心，你首先要明白，你的初心并不在他处，而是一直就在你的心中。”

居士很是不解地问：“如果它就在我心中，我怎会不知道呢？”

佛光禅师说：“你内心单纯，一心向佛的时候，初心就会显露出来让你察觉；而当你一念不觉沾染了痴望之心，初心就自然离你而去了。这就好像是一个人迷失在花花世界，找不到回家的路。只要你能够还原单纯之心，初心便会回来。”

居士听后恍然大悟，反思自己的行为，放下心中的痴望，果真就又找回了初心。

人随着年龄的增长，生活经历的增多，内心也会随之变得越来越复杂，之前单纯的心也在滚滚红尘的磨砺中渐渐遗失，不知不觉便丢掉了单纯，于是对幸福不再敏感，开始一点一点变得麻木，幸福也渐渐远离了我们。

我们需要一种最原始的单纯，这种单纯是一种心灵的回归。单纯的心让我们更能够相信自己，相信这个世界，相信我们能够拥有幸福，因为只有相信，我们才会去追寻，并带动更多人去追求。只要我们的心是单纯的，世界就是单纯的，单纯能够让人从红尘中抽身而出，领悟人生的真谛，穿过世俗的屏障，达到思想的巅峰。

诚然，单纯说起来很简单，但是真正要做到单纯确实很难。作家毕淑敏曾经说，这个世界上存在着很多的杂质，这些杂质无孔不入、无时无刻不是在侵蚀着我们的单纯。我们要保持单纯，就一定要坚强自己的信心，抵住杂质的侵蚀。做到“菩提本非树，明镜亦非台。本来无一物，何处惹尘埃”的境界。只有能够保持内心的单纯，才能够保持住人类最自我的灵魂，从而获得一个幸福的人生。

要懂得付出，乐于分享

佛语有云：“常常能够使别人过上快乐生活的人，自己也一定过得很快乐。”

人总是在追求幸福，希望自己能够过上幸福的生活，然而怎样才能拥有快乐而幸福的生活呢？一味索取的人真的会觉得自己快乐吗？一味独自寡欢的人会过得幸福吗？智德禅师曾说过，真正的幸福，不仅仅是你自己的需要得到满足，更是来自于你自己的付出和分享。付出会让你获得更多心理上满足和快乐，分享可以把一个人的幸福转变成一群人的幸福。

关于付出，星云大师曾经举过这样一个例子，佛祖召集两个即将去投胎的人到他面前，告诉他们："如果这里有两种选择，一种是做一个索取的人，另一个是做一个给予的人，你们选什么？"其中一个说，他要做索取的人，另一个选择做给予的人。于是他们顺利投胎了。要做索取者的人投胎成为了一个乞丐，而另一个则成了经常布施行善的大富翁。

乞讨的那个人经常遭到别人的拒绝和白眼，以至于每次乞讨时内心就感到非常痛苦。而富翁则是常常出门行善，每次在帮助了别人之后心里都感到非常的快乐和幸福。

星云大师说，倘若让我们选择，一定要做一个肯付出，懂得给予他人的人。因为我们付出的越多，收获就越大，因为付出和分享就像是为一片湖泊源源不断地注入新鲜的活水，一旦停止了付出和分享，我们收获的幸福就会越来越少，最终成为一片死海。正所谓"独享不如共享，共享之乐远胜于独享之趣"，分享会让幸福越传越远，越变越多。

确实如此，一个懂得付出的人，会感受到内心的满足，在他人的感谢中往往会得到巨大的快乐。

很久很久以前，有一位得道高僧，他拥有一个世间稀有的檀香木盒子。这个盒子上镶有世界上最宝贵的钻石。然而这位高僧并没有将这个价值连城的宝盒据为己有，而是将它公示于人，并提出要将这件宝贝赠送给这个国家中最贫穷的人。

很多穷人听到这个消息，纷纷跑到高僧面前，这些人中有孤儿，有乞丐，有残疾人，有病人……他们各自讲述着自己的不幸，讲出各种各样的事情来证明自己是这个世界上最贫穷的人。然而高僧看了一个又一个人，听了一个又一个故事，却没有将宝盒交给任何一个人，只是告诉他们，最贫穷的人还没有出现。

又是一个月过去了，全国各地的穷人都已经来过，但是他们当中没有一个人得到了这个宝盒。大家纷纷开始猜测，高僧是在骗人，他根本不想把宝盒交给任何人。

高僧听到了人们的议论，站出来告诉他们说："大家不要猜测了，我来告诉你们这个最贫穷的人是谁吧。这个人不是别人正是我们的国王，他才是最贫穷的人。"

国王听到这个消息之后非常气愤："这个僧人居然敢说最贫穷的人是我，我堂堂一个国王应该是全国最富有的人才对。来人，将那造谣的僧人给我抓回来！"

士兵将高僧带来见过国王之后，国王带着他去参观王国的珍宝库房。他指着金库说："你知道这是什么吗？"僧人答道："是金库。"

国王又指着另外一间房子说："这一间呢？"僧人答："是银库。"

再往前走，又是一间放满珠宝、钻石的屋子，国王又问："那你又知道这里是什么吗？"僧人继续回答说："是放珠宝、钻石的地方。"

国王说："很好。既然你也看见我的金库、银库和珠宝、钻石，我本人拥有这么多的财富，你又怎能散播谣言说我是这个国家中最贫穷的人呢？"

僧人笑了笑说："我的国王啊，您确实拥有这天下最多的财富，但是您仔细想想，您是一国之君您要管理的是这个国家，而不是这些财宝，管理财宝是库房管家的事情。您要做的是让国家强盛，人民富裕，可是您看看您的百姓一个个都生活在水深火热之中。这可都是您自己的脸面，别人看到您的臣民如此，自然会以为您也是一个衣衫褴褛的穷人。"

国王听后感到非常惭愧，于是下令将库房中的财宝分发给穷人，从此这个国家中再也没有贫穷的人，而国王也因为这件事深受人民的拥护和爱戴。

一个人是否快乐，并不是看他拥有多少财富，而是要看他能够付出多少。没有付出，不懂分享的人，即使拥有了无尽的财富也不会觉得幸福。生命中最重要的是付出和分享，所以只有懂得付出的人，才能够懂得如何快乐。

我们因为愿意付出而感到快乐，因为懂得分享而收获幸福。生活中学会付出才能够收获帮助别人时的快乐，而学会分享，则会让我们得到更多的回报。凡事不要太过计较，要学习玫瑰花即使它脚下的泥土都能沾染它的香气。要知道，与人方便就是与己方便，给别人帮助，同时也是在帮助自己，同别人分享幸福就是给自己幸福。生活就是这样，当我们付出和分享时，我们的人生所获得的快乐和幸福也在随之增值和延长。

勤劳是幸福的保障

人人都向往美好幸福的生活，这个幸福不仅仅是精神上的幸福，也需要物质上的幸福。由于，现代社会太多的人沉迷于追求物质生活中，而让我们对物质产生一种抵触感，就好像是钱让人们做出各种各样的恶事，所以我们讨厌钱一样。然而我们要明白，钱只是一张纸，没有好坏之分，关键看人怎么去利用。所以，不要提到物质就觉得反感，物质是我们生存的必要保证，如果没有一日三餐，我们怎么能活下去？生存都出现问题，哪里还会去注意精神？物质对于我们来说也是非常重要的，物质是我们生活幸福的基础，如果我们连这基础都没打好，又何来幸福可谈？

一个人想要拥有幸福，首先就要先求得生存，保证能够自立，只有这样我们才有可能创造幸福，拥有幸福。要生存，要自立，这就需要我们必须具备一种品质，那就是勤劳。能够脚踏实地工作，任劳任怨付出，靠自己的双手才能迎接幸福的到来。

古语有云："一勤天下无难事"，说的就是只要勤劳，没有什么能够阻挡我们。西方也有谚语说："黄金随潮水而来，也还是需要我们亲自去捞。"这些话语都是在告诉我们，做人一定要勤劳，只有通过勤劳努力才能够得到我们想要的结果。如果你有一块良田，你懒得去耕种，那么即使你的田地再好也不可能给你带来半点收获。

然而现在有很多人依然对不劳而获抱有幻想，他们不愿去通过劳动获得成功，反而希望有人将成功送到他们的面前。对于这种人，即使给他们一座金山，他们也会因为懒惰而坐吃山空。

我们人天生就拥有两只手，一双腿，上天给予我们这些就是为了让我们辛勤劳动，养成勤劳的习性，为自己营造财富。如果我们利用自己的天赋，岂不是成了废物？

佛教中流传着这样一个故事：在遥远的西欧国家，有一个身患麻风病的人，他病了将近四十年了。每天他就躺在路边，看着人来人往的大街，心里盼望着有人能够带他去到神奇的许愿池边。因为在距离病人很远的一个国家中，有一个神奇的许愿池，许愿池中的水具有神奇的魔力，能够医治好世间一切疑难杂症。

麻风病人一直在等待能够带他去水边的人出现，一等就是四十年。然而每天有上百人从他身边经过，却没有一个人帮助他，于是他就继续等待着。

一天，佛祖看见了他，便向他走去，问他想不想治好自己的病。病人说："我当然想了，可是你看看每天从我身边经过的这些人，他们就知道为自己着想，从来没想着来帮助我。”

佛祖看着他，继续问：“你到底想不想治好自己的病?”麻风病人回答说：“当然要了，不然我干嘛要在这儿等上四十年呢?我自己行动不方便，我怕等我拖着瘸腿走到那里，许愿池里的水都干了，我又该怎么办啊?”

佛祖有些生气，问他：“你到底要不要治病?”麻风病人又回答说：“要。”佛祖告诉他说：“如果你想治好自己的病，那你就自己走到池边去，不要在这里抱怨这个，抱怨那个，你要明白要治病的是你自己而不是别人。”佛祖说完这番话就头也不回地走了。

麻风病人独立坐在原地，静静地思考与佛祖的这段对话。他觉得很是惭愧，懒惰竟然让他在这里等了四十年，如果他不指望别人，早点出发，也许早就不是过着这样的生活了。想明白之后，他马上就动身去许愿池。仅仅一个月的时间他就到达了许愿池，他喝了池中的水，疾病马上就消除了。

这时他终于明白，幸福不是靠等待得来的，更不能靠别人，幸福是自己的勤劳换来的，只有依靠勤劳，才可能收获幸福。人生苦短，想努力就一定要趁早，千万不要让自己落得个“少壮不努力，老大徒伤悲”的境地。

很多人追求幸福，却认为幸福是无条件的，靠运气得来的，事情绝对不是这样的。幸福也许要有一定条件的支持，当你想要得到时，首先就要付出。抱有不劳而获想法而不去努力的人，永远都不会获得幸福。

想要活得幸福就需要我们的勤劳，一旦我们认定了这件事，就要不怕苦、不怕累。生活就是需要我们付出代价，付出勤劳才有权利享受成果。如果我们觉得自己现在的生活并不幸福，还没有达到我们想要的状态，那么我们就应该反思一下，看看自己是否真的付出了勤劳，还是说我们现在也像那个等待别人施以援手的病人一样，没有付出应有的努力。

可能是我们的懒惰蒙蔽了我们的心，让我们把幸福的希望寄托到了他人的身上。如果是这样，那么就该要提醒自己牢记“勤劳“二字，并朝着这个方向去努力。

勤劳创造幸福的过程充满了艰辛和挑战，需要我们付出更多的劳动才能换取，千万不要因为惧怕困难而停止了自己的脚步，勇敢地接受这个挑战，用我们的勤劳去保卫我们的幸福，我们一定会成功的！

别怕吃亏，吃亏是福

常言道，“吃亏是福”。这句话原本是郑板桥流传下来的至理名言，是劝告人们不要怕吃亏，吃亏也是一种福分。在经过了漫长的时间之后，“吃亏是福”依然被智者所推崇，可见真正的智慧一定会流传久远。

虽然古人的智慧劝告我们要不怕吃亏，可是，随着时代的发展现代社会已经成为一个崇尚金钱、崇尚物欲的社会，人人都想拥有更多，哪里还会有人愿意吃亏？也不会有人认为吃亏是一种福气，反而是看见别人吃亏就当别人是傻子。但是请不要忘了我们常说的，傻人有傻福，往往傻人比一般人更有福气。

然而现在社会很多人都把名誉、地位、金钱看得太重，似乎只有拥有了它们才能够证明我们的人生是成功的，只有这样才能够实现自己的价值。为了成功，我们劳心劳力，废寝忘食地追求着这些东西，为了这些我们对周围的人斤斤计较，一点亏都不肯吃，有些人甚至还想着去占一些便宜。但是总想着去占一些小便宜的人，反而容易吃大亏。因为我们在占到别人便宜的时候，也丢掉了别人对我们的信任，这样我们不仅没有占到便宜反而丢掉了朋友，最终亏的还是我们自己。

晋朝有一个非常有名的大财主，名叫石崇。石崇这个人不仅有钱，而且官至卫尉，大家私底下纷纷议论石崇富可敌国。正所谓，风光招人恨。石崇的这些财富让一个人非常眼红，这个人也是位高官，名叫孙秀。孙秀这个人心眼很小，非常善妒。他曾几次暗示石崇，希望石崇能够向他贡献一些钱财，石崇觉得自己官也不小根本无需惧怕孙秀，于是就装聋作哑地打发了过去。这件事让孙秀对他怀恨在心。

石崇有一个非常宠爱的小妾，大家都叫他绿珠。绿珠是出了名的美丽、妩媚，是天下男人梦寐以求的女人。孙秀暗中很是爱慕绿珠，曾经向石崇索要绿珠，遭到石崇的断然拒绝。于是孙秀心中更加憎恨石崇。

后来石崇在朝中投靠的贾谧因犯事被杀，石崇的靠山倒了，还连带着他自己也被当作同党罢了官。此时孙秀又差人去石崇家索要绿珠，石崇一行人正在后花园观赏歌舞，一见孙秀的人来讨要绿珠，便勃然大怒，拒不同意。使者劝告石崇要审时度势，看清楚自己的情况。然而石崇坚决不肯同意。使者报告孙秀后，孙秀大怒。当时正是赵王司马伦掌权，司马伦刚好是孙秀的靠山。赶巧了石崇的外甥欧阳建与司马伦有过节，后来欧阳建犯了事，孙秀主管此案，便乘机诬陷石崇与欧阳建有关联，将他们一并送进了监狱。

后来石崇被定了死罪，被杀于东市。临死前，石崇长叹一声说："那些人之所以千方百计想要害我，还不是看上了我的财产啊！"旁边行刑的人于是问他："你既然已知为钱财所害，为何不早些将你的财产散去，做些好事?！不然还用落得如此境地?"石崇便再无他话。石崇死后不久，他的家产就全部被抄没充公了。

石崇一生不愿意吃亏，最后反而吃了个大亏，连自己的性命都丢掉了。如果他能早些将自己的财产分给需要的人，也不至于遭到孙秀的嫉妒而身亡。一个不能吃亏的人，往往会在得到小利中失去大利。相反的，一个能够吃亏的人，反而能够获得一飞冲天的机会。

美国西部的乡下，有一个农夫在土地分割时，得到了一块非常差的土地。这片土地很是贫瘠，农作物无法生长。没有人愿意要这块地，大家觉得分到这块地实在是太吃亏了。可是这个农夫却不这么认为，他觉得既然无法种植作物，那么我种树总可以吧？于是他将那块地种满了树，又在里面养了很多蛇。他把蛇从蛇胆取出的毒液送到各个药厂制作药物，还把蛇皮送去加工厂做成女人最喜爱的皮包和鞋，不仅如此，他将剩下的蛇肉全部加工成罐头，卖到世界各地去。

于是他的农场很快就被人们所熟识，还有人将他的农场印到名片上，寄到很多人手中。很快农场就成了一个旅游区，很多人都来到这里想要去参观养满蛇的农场，每年有上万的人来到这个村子参观农场。为了纪念这个农夫，人们干脆将这个村子改名为蛇村。

到了这个时候，还有谁认为这个农夫是吃亏了呢？有些事情表面上看起来似乎很吃亏，结果反而对我们有利。正因为有了吃亏，才有了后面的收益。真正的智者是不怕吃亏，也愿意吃亏的人，因为吃亏只是一种暂时的放弃与牺牲，可能这一时的吃亏，将会给我们带来长远的利益。所以智者们将眼光放得长远，不计较一时的得失，不只盯着眼前的方寸之间，而在心中有一个长远的计划。

吃亏是一种优良的品德，是一种处事的风格，一个有所作为的人都是肯于吃亏，乐于吃亏的人，正是在吃苦的这个过程中，才让一个人逐渐的成长和睿智起来。如果有人不肯吃苦，一吃苦就郁郁寡欢，那么最后受损失的就是他自己，对于这种情况我们应该让他明白，承受吃亏也是一种对自己自信的表现。吃亏也需要我们有勇气，更要有智慧。当我们能够真正理解“吃亏是福”所包含的禅理，那么我们的人生就会拥有一种新的转机，幸福之门也就在我们的吃亏中向我们开启。

第六章　圆融智通，八面玲珑

为人一世到底该如何取舍，如何把握？在若干世轮回相续中，你这一世遇到明师，闻到正法，能得到正法传承，一定要珍惜，多做弘扬正法的功德，在社会上倡导吉祥，倡导热爱国土，热爱人民，利益众生。万不可糟蹋自己的慧命，导致“一失足成千古恨”。

人生福祸相依相随

我们的人生总是充满着数不清的变数，如同一枚硬币的两面，一面是正，一面是反，反反复复的硬币翻转造就了我们福祸相依的人生。《老子·五十八章》讲：“祸兮福之所倚，福兮祸之所伏。”这无疑是对变幻无常的生活很好的一个注解，无独有偶，《心经》中也曾有这么一句话：“如露如电，应作如是观。”这同样也是用相反而又并存的两件事物表达了同样的思想。由此可见，连这个世界也都有着不同的变数，我们的人生又怎么会一帆风顺，处处随心所欲呢？

在宋朝西湖湖畔曾有一座不起眼的小庙，庙里的住持是一个看似疯癫却有着大智慧的老和尚，有一次，他派庙里的小和尚去放生池放生，不想小和尚在踩上放生池最后一级台阶的时候没有注意，整个人都摔倒在池子里，把池子里的不少鱼、龟压死压伤，犯了杀戒。

尽管是无心之过，但小和尚却非常内疚，于是请住持对他进行惩戒。老和尚听完事情的经过后并没有说话，而是拿起死掉的鱼、龟来到庙旁的一家饭馆，请求厨师把这些鱼、龟把做成了鱼汤、龟汤，四处施舍给那些怀孕的穷妇人和面黄肌瘦的小婴儿。过了几个月，这些得到了施舍的人纷纷来向老和尚还愿感谢。这时，老和尚才叫来小和尚，对他意味深长地说："无心闯祸，伤害了鱼龟，却救活了妇婴，一人之祸成十数人之福，善莫大焉！"

其实我们的人生有时就如同那名小和尚的遭遇一样，尽管落水了，压死了鱼、龟，触犯了戒条，成为了人生当中最大的失败和污点，但是只要处理得当，那么一次无心之过就有可能成为一桩善缘，所谓的福祸相依，祸福相随便是这个道理。

我们所处的世界永远都在变化，这些变化有好有坏，没有预兆，也并不绝对，而变化的结果永远只取决于我们如何处理和看待变化。有的人在生活中每天提心吊胆，害怕变化的出现，觉得任何变化都会打破自己生活的现状，让自己不得安稳。但其实你越是这么想，在面对变化时就越容易惊慌失措，因为你把变化看得过于恐怖，你不敢相信它，也不敢相信你自己，只想保持现有的生活不变。但这样一来，即使未来的变化是好的，你也难免会觉得这是一个阴谋，是一个陷阱，因为你把自己的注意力放在了错误的地方，所以你眼中所看到的、生活中所得到的，也都不会向好的方面发展。

任何的变化在出现之后都会呈现出来两种结果，一种结果是好的，另一种自然是坏的，这两种结果出现的概率各占一半，而我们在遇到变化之时最应该做的就是把好的变得更好，坏的转变为好。即使有时一些坏的变化我们无力去阻止，但是我们也可以尽量把它对我们的影响消减到最小，把损失降到最低，而不是一味逃避。要知道，遇到困难就逃避的心态反倒会使我们陷入更大、更多的麻烦中去。任何事物总有其两面性，佛家也有"不疯魔不成佛"的说法，如果我们不去努力尝试，又怎么知道在困难的另一面，是不是会有我们所期盼的希望所在？

其实，我们完全可以掌控自己的命运，把握自己的输赢，只要我们把心态放平，在遇到变化时不是惊慌失措，而是积极寻找解决的办法，那么自然也能够做到转圜所谓的好与坏，也能够在未来在变化出现之前便掌握它的规律，提前做好准备。

人生的确无常，我们的生活仿佛总是被一双命运的大手所控制，它总是用各种各样的福与祸，顺与逆把我们的人生扰乱的狼狈不堪。但是就在这样的磨练中，我们才一次次的体味到世事无常的变化，也体会到什么才是真我，什么才是本心。世事无常，人生如梦，福祸变化，又怎知不是一种福分？

人缘是一种福分

现在很多人都会发现，不管我们身居什么职位，无论我们从事怎样的工作，处于什么环境，在我们的身边总是会有那么几个人有着超强的人缘。无论是什么场合，都会出现他们的身影，无论什么样的聚会，都会看到他的到来。在这些人身上，似乎洋溢着一种热情的光芒，不自觉地吸引人们向他靠近，令我们十分羡慕。但这种超强的人缘又是如何培养出来的呢？让我们先来看一个小故事。

在佛陀灵山的脚下有一个被称作是斯托米邦的国家，这个国家因为紧紧毗邻佛国，所以境内经常会有佛陀菩萨行走，拥有德行的高僧更是数不胜数，是许许多多修行者朝拜的圣地之一。

在斯托米邦，每隔一段时间就会举行一次佛法大会，来自各地的僧人都会在会上阐述自己对佛经的见解与领悟，有时佛陀和菩萨也会来到这里亲自讲经说法，因此每次举办佛法大会时，这里总是热闹非凡。

在这个国度中，每一名有着高深的佛法修为的僧人都会得到最好的供养，受到人民的崇敬。但是有一名僧人曾经数次在佛法大会上击败了其他的僧人，甚至得到了与国王同乘白象的荣耀，可不知道为什么，尽管他声名远播，但崇敬他、追随他的僧人却总是很少。很多的时候，他都是自己一个人在冷清的小院中默念佛经，虽然修行的日子清苦本是平常，但是看到身边种种不同，他还是忍不住从心中生出了不忿的心思：为何其他僧人院中访客如云，热闹非凡，只有自己这里清冷平淡无人问津？

终于有一天，他忍不住向路过的佛陀发问，希望能够弄明白自己这里为什么会如此清冷。佛头一指点向他的眉心，随后双手合十道："近人者人近，修缘者缘近。你平时太过冷漠孤傲，人缘单薄，从不会与人主动来往，他人在向你求教时你也是冷淡异常，因此自然和他们不同，需知缘分是福分，不惜福，便无福。"

"不惜福，便是无福"，这句话说得没错，有些时候我们不得不庆幸，现在的社会是一个基本处于而且不断倾向于唯才是举、任人唯贤的社会，我们的交际能力固然是社会生活中的必备技能之一，但是只要我们有足够的才能，即使欠缺一些交际能力，也依然可以在这个社会当中很好的生活下去。即使身边显得有些冷清，但是最基本的生存却是有着足够的保障，可如果我们身处于一个凭借交际能力和人缘来判定一个人才能和地位的社会，那么或许我们就不得不像那名僧人一样，明明身处佛陀国度，却不得不忍受着地狱一样的冷落煎熬了。

很多人都或多或少的会为自己的人缘问题而烦恼，事实上这也是现代很多人不得不思考的一个问题。要想和身边的人友好和睦的相处，不仅仅需要我们天生的亲和力和个人魅力，其实也是需要一定的技巧，而这些技巧是我们可以通过后天的努力锻炼、培养出来的，例如应变能力就是一个很好的例子。

在日常的生活工作中，我们可以通过各种手段来锻炼自己的应变能力，也就是应对突发情况的能力。这种包含冷静和缜密的思维的能力会在关键的时刻为我们增加独特魅力，而这种魅力可以使你在生活中吸引他人的跟随你、帮助你，让你能带动你身边的人共同前进，这样一来你不仅能够在优秀者圈子中保持一个好人缘，还能够随时帮助那些落后的人，久而久之，你的人气自然会得到提升，人缘也就会随着你身边的人不断地向外扩张，获得长足进步。

当然，也有些人会认为，刻意通过各种客观方式来谋求好人缘的行为并不可行，但是他们却忽略了一点，那就是良好的人际关系也是一种个人能力的表现。同样是能力出众的两个人，一个人谦和待人，一个人冷漠高傲。那么不用说，所有人都会更喜欢第一个人，而第一个人的工作效率与生活质量也显然都会超出第二个人。要知道，亲和力，才是拉近人与人之间关系的最好秘方。

好的人缘是一种人格魅力，这种人格魅力往往会伴随我们一生，帮助你在前进的道路中获得无数人的青睐和帮助，没有人会希望在自己的人生路途中孤孤单单，路途无比冷清寂寞。一份好人缘可以帮助你汇聚着数不尽的朋友与潜在财富，这是属于你的福分，也是你最宝贵的财富之一，所以我们一定要学会"惜福"。

万法随缘

佛所说的因果，其实就是"缘"。一饮一啄，自有天定，"缘"可以说包括了这个世界上所有的事物运行规律，万事万物之间皆有因果，因果之间皆是缘分。宇宙万物的产生和毁灭都有它的原因，都有它的缘分，我们的人生亦是如此。

从前，有一个寺庙，这里每天都有许多人来上香拜佛，香火旺盛。

而在庙前的横梁上有一只蜘蛛结网生活，因为每天受到檀香缭绕，诵经洗礼，蜘蛛便有了佛性。经过一千多年的时间，蜘蛛灵智初开。

突然有一天，佛祖光临了这座寺庙，看到这里香火甚旺十分高兴。在离开寺庙的时候，无意间看见了横梁之上的蜘蛛，佛祖问蜘蛛："你我相见便是缘分，不如让我问你一个问题，看看那你修炼了1000年，都收获了些什么?"蜘蛛遇见佛祖很是高兴，连忙答应了。佛祖说："世间什么才是最珍贵的?"蜘蛛想了想，说："世间最珍贵的是'求不得'和'已失去'。"佛点了点头转身离开。

一千年后的场景再现，蜘蛛依旧在寺庙修炼，而它的佛性也大大增加了。一日，佛祖又来到寺前，对蜘蛛说："我们又相见了，一千年前的那个问题，你可有什么更深的认识吗?"蜘蛛说："我认为世界上最珍贵的是'求不得'和'已失去'。"佛祖说："你在仔细想一下，我会再来找你的。"

又是一千年后，有一天突然刮起了大风，风卷起了一颗露珠落到蜘蛛网上。蜘蛛望着甘露，见它晶莹透亮，非常美丽，顿生喜爱之意。蜘蛛每天看着甘露很开心，它觉得这是三千年来最快乐的日子。突然，又一阵风吹来，将露珠刮跑了。蜘蛛突然觉得失去了什么，感到很寂寞和悲伤。然后，佛祖又来了，问蜘蛛："蜘蛛，又是一千年过去了，我再问你，什么是世界上最珍贵的?"蜘蛛想到了甘露，对佛祖说："世间最珍贵的是'求不得'和'已失去'。"佛祖说："好，既然你有这样的认识，我让你到尘世中体验一下！"

而后，蜘蛛投胎到了一个官宦家庭，成为了一名千金小姐，他的父母给她取了个名字叫蛛儿，日日精心呵护，教她弹琴写字、针秀女红，直到她长大成人，变成了一个亭亭玉立的少女，长的十分漂亮可爱。

这一天，新科状元郎甘鹿中士，皇帝决定在御花园为他设宴庆祝。许多年轻的女性，包括蛛儿和皇帝的小公主长风公主，都参加了这次宴会，状元郎在席间表演诗词歌赋，在场的女孩被他倾倒。但是蜘蛛一点也不紧张和嫉妒，因为她知道这是佛祖赐予她的姻缘。

宴会结束后的第二天，说来很巧，蛛儿陪同母亲上香拜佛的时候，正好碰到了甘鹿和他的母亲。上完香拜过佛，两人的父母在大殿中说话。蛛儿和甘鹿来到走廊上聊天，蛛儿很开心，因为终于可以和喜欢的人在一起了，但甘鹿却并没有表现出对她的爱。蛛儿对甘鹿说："你不记得十六年前，寺庙的蜘蛛网上的事情了吗？那时候你被风吹上我的蛛网，我一眼便记住了你。"甘鹿听后非常惊讶，说："蛛儿姑娘，你很漂亮，也很讨人喜欢，但你的想象力未免丰富了一点吧。"说完，便和母亲转身离开了。

蛛儿回到家，心想，既然佛祖安排了这场爱情，为什么不让他记住曾经的事，为什么对我没有一点的感觉？

几天后，皇帝下诏，命新科状元甘鹿和长风公主结婚；蛛儿和太子芝草完婚。这一消息对蛛儿如同晴空霹雳，她怎么也想不通，佛祖为何会这样对她。因此她开始绝食，十余天不吃不喝，生命危在旦夕，消息传到了太子芝草耳中，他迅速赶来，扑倒在床旁痛哭不止。这时，佛祖来了，他对蛛儿快要出壳的灵魂说："蜘蛛，你有没有想过，露（甘鹿）是由谁带你来这里的？是风（长风公主）带来的，最后也是风将它带走。甘鹿是属于长风公主的，他不过是你生命中的一段插曲。而太子芝草是当年寺庙前的一棵小草，他看了你三千年，爱了你三千年，但是你从来没有低下头看过它。蜘蛛，我再来问你，什么是世界上最珍贵的事？"蜘蛛听了佛祖的话，仿佛一下子明悟了，她对佛祖说："世间最珍贵的不是"得不到"和"已失去"，而是'万法随缘'"。刚说完，佛祖便离开了，蛛儿的灵魂也回到了身体中，她刚刚睁开眼睛，便看到要拔剑自刎的芝草太子，她马上打落宝剑，和芝草深深地拥抱在一起。

宇宙当中，万事万物无一不是从缘法当中演变与化生出来，依循着缘起缘灭、生长消亡的规则在这个世界上轮回变化。缘法就是因果，就是关系，就是连接我们、联系世界的一种看不到摸不到的力量。这种力量维系着我们这个世界的运转和完整，同时也把我们和这个世界、和身边的环境完美的联系成一个整体，让我们在这样的世界当中生活、成长。

很多人都因为不明白什么才是缘法，更有些人误解了缘法的内涵，所以一味地去强求，一味地去制造所谓的缘分、缘法，甚至是把毫无关系的两件事情也牵扯到缘法上面，最终却发现根本得不偿失。

佛法中有“三世因果”的说法，这无疑也是缘的一种体现。我们所说的随便并不是随随便便的意思，而是顺随着事情的发展，做出最大的努力，随后自然而然的得到和获取。不管是我们的生活、学习、工作还是感情，没有什么事情是强求能够得到的。这世界上同样没有什么事情是一帆风顺的，所以不管当我们面对什么事情的时候，都要保证心态的平和，保证我们随时都会有一种凡事不挂怀、清风荡我心的淡定和平静。随缘随缘，缘分到时，自然一切都会水到渠成，一味地强求，反而总会把事情搞砸。

真正的随缘是一种大度的表现，是从人情当中苦苦磨砺出来的一种洒脱，同时也是一种看透世界的境界，随缘之人明白什么才是真正的机缘，什么才是事物发展的正确规律。他们不会刻板地、慌张地去追求那些看似近在咫尺，实际上却是还在天涯海角的那些所谓的机缘。只有当事情真正的发展到了该有的那一步，他们才会是顺水行舟一样，稳稳当当地拿到那一份自己的机缘。

缘是一种奇妙的事物，我们生活在它的包围当中，同时也在不断创造它的出现，通过缘法，我们才能参与到这世间万事万物的运转中来。当时机成熟，缘法自然会来到我们身边，就好像是小学生做“1 + 1 = 2”的算术题一样，只要有了成熟的条件，一切都显得那么自然而然。随缘随缘，缘分如此，强求不来。

结缘也是随缘

人世间有一件物品的宝贵远远胜过我们眼中的金银珠宝，它虽然无处不在却又不可捉摸，人与人之间的关系会因为它的存在变得牢固紧密，人们奔向成功的路上也无法缺少它的陪伴。甚至是在佛的眼中，佛法的变迁和兴亡变化也都与它有着不可分割的关系。这就是佛教中讲究的“缘”，也是万事万物圆满发展最重要的根基之一。

末法之前，佛陀曾端坐在地狱门前，手中捧着一枚吃剩下的桃核，凝眉沉思不语。弟子见佛陀每日不语，只是看着桃核沉思，于是上前发问。

弟子问：“末法将临，佛陀有何因应？”

佛陀答：“种树。”

问：“何树？”

答：“因果，因缘。”

问：“因何种树？”

佛陀周身放无量光，手中桃核遇风见长，转瞬在佛陀手中成长成苍翠欲滴的大树，上面挂着令人垂涎欲滴的果实。

佛陀对弟子说：“正法一千年，持戒得坚固；像法一千年，禅定得坚固；末法一万年，念佛得坚固。末法当中，薪火相传，唯有广结缘法，于万千众生心中种下灵台薪火，末法之后佛门方有再起日。今日种因，明日结果，今日结缘，他日得缘。兴衰存亡，无物不是如此。”

不论对佛陀还是对凡人来说，“缘”就好像是一枚种子，我们结缘的举动就好像是农夫在田地中播种劳作一般，如果没有播种，又何来收获？

如果世上没有因，果又存在何处？缘的生长与树木庄稼无二，都需要一个机缘，需要一个“因”，需要一个播种生存的机会，才会逐渐的生长出来，成为联系我们的纽带，成为维系社会世界运转前进的那份因果力量。

佛不强求，将万事万物都化作缘分，万事随缘，一如顺水行舟，事半功倍，而结缘就如同是踏上小舟时得到的船桨，就好像是来到小河之前索要船只的行为。结缘不是强求，而是在适当的机缘下，在原本不明显、若有若无的情况下帮助一份因果凸显成立的推手而已。

我们讲，结缘，也是随缘。

在世界上有的人拥有富可敌国的财富、声名显赫的名誉，但是他却是罕有人缘，总是独坐椅上，只有身边寥寥几个人照顾自己的起居生活；但是也有这样的一些人，他们抛弃了自己身上原本拥有的那些财富和名声，将自己放置在芸芸众生当中，变成和他们一样过着贫苦生活的人，但他们却受到了无数人的尊崇和爱戴，这就是结缘。

结缘就是把自己置身在广大的因果之海中，感受着身边种种，并不求自己的超脱，而是不断的度化着别人，最终被他人汇聚的信念海洋的力量升华了灵魂。

正如我们所说，“缘”并不是单纯的佛家的宗教用词，而是代表着一种宇宙运转的规则，是属于每一个人、环绕在每一个人身边的因果齿轮，在宇宙这个硕大的精密仪器当中精密的运转着。而结缘，就好比是在我们的身边安插了许多互相咬合的齿轮，直到某天会爆发出巨大的力量。

被“缘”联系在一起的人会有相遇相帮相知的一天，一份缘的结交，一条随缘的路途，这才是我们生在世界、迈向前路的真谛。

经云：“人身难得”，犹如“盲龟浮木”。面对缘分，应该珍惜它们，维系它们，这些我们已经结下的缘分就如同是支持树木生长的根系，同样也是我们前进发展的动力，是我们进步生存的源泉，是我们工作与生活的助力和后盾。

因此，首先我们应该时常怀着感激的心情去看待缘分，珍惜身边的人，用宽容、感恩的心态去面对他们。缘并不是一成不变的，它随时会随着时间和态度而转变，亦强亦弱，而要想缘分永远不消失，就只能依靠我们自身的努力。

其次，我们应该广泛地去结交他人，为自己的未来结下一份善缘，让自己接下来走的道路更加坚实稳健。其实结缘也是随缘，是不能强求的，也是不需要强求的，往往一份缘分的结交仅仅是一句礼貌的招呼，一个微笑，甚至是一个眼神的交流。

与人方便就是与己方便，只要将自己融入在这个社会当中，不要刻意将自己与这个世界分割开来，你会看到更多，得到更多，结下更多的“缘”，也就能结交更多的人，看到更广阔的、更神奇和更意想不到的世界。

一句好话、一件善事、一个微笑，都是我们向四周散布我们的善意，种下缘分的种子。广布的缘分能使我们生活得更好，能让我们的人生充满更多的快乐。要记住，结缘，随缘，是我们人生幸福的秘诀。

结缘千万，不抵结怨一遭

我们的人生应该学会“平等和感恩”，无论我们目前身处顺境还是逆境，都应该怀着一颗平等清净、自然放松的心态去感恩世界，回馈他人。他人如何待我，自然会有因果循环，而我如何对待他人，同样会有因果报应。我们懂得了在生活当中去结缘，结善缘，但是如果我们在行善结缘的同时却又在造业结怨，那么我们最终难免会坠入苦难。结缘千万，不抵结怨一遭，做好事难，遏制自己去做错事，更难。千里之堤毁于蚁穴，何尝不是如此。

释迦牟尼证道转生之后，经常是每日托钵外出，在世间行走，广结善缘，用他的智慧去帮助那些还在苦难中挣扎的人们。有一天，他迎面遇到了一名乞丐，乞丐穿着破破烂烂的布条，浑身上下都散发着一股酸臭味道，路上的行人见到他都纷纷捂着鼻子，唯恐避之不及。但是释迦牟尼却是面不改色，反而对着这名乞丐微笑，丝毫不介意这名乞丐身上的味道，正常的与其相对而行。

乞丐看着释迦牟尼，伸出满是泥污的手抓住了释迦牟尼的袍子，张着满是黄牙的嘴“嗬嗬”喘气，向释迦牟尼乞讨。

释迦牟尼低下他的头颅，用一种比平时还要慈祥恭敬地态度，对着这名乞丐送上了属于自己的祝福，然后把自己手中化来的“缘”全部放在了乞丐的手中。当他准备走的时候，却发现这名乞丐竟然浑身放出光芒，脚踩青狮，手托经幢，现出了佛师文殊真身，带着他远远离去，接引回到佛陀极乐国度。

对于佛陀来说，在他的眼中，世间万物都有慧根，都是应当恭敬平等对待的，所以佛陀化缘、结缘，却从不曾结怨造业。而我们不是佛陀，看不到闪耀在他人身上的光芒慧根，所以总是被自己身上贪嗔痴怨的火焰蒙蔽双眼，一时不察造下怨愤，从此潜伏下来，不知道在什么时候会突然爆发，成为毁掉我们生活幸福的一根芒刺。

在经文当中，我们看到佛陀和菩萨不论出现在什么地方，都会得到九界众生的拥护，无数的信众无一不是朝拜叩头，无比尊崇信仰。哪怕是地狱当中的恶鬼，他们对于地藏王菩萨怀抱的，也只会有向往。而之所以会出现这种情况，正是因为每一名佛陀菩萨心中都怀抱着平等对待的心，他们行走在这个世界上永远显得谦虚恭敬，谦虚恭敬地对待这世界上的每一个生灵，所以这些生灵们见到佛陀菩萨无一不是心生欢喜崇敬，而当这些善缘汇聚在一起，又会形成多么巨大的福报和力量？

有些人曾遇到过这样的情况，一个我们明明不曾见过、不曾招惹的人对我们横眉冷对，态度恶劣，让我们心中窝火，感到莫名其妙。有时甚至恨不得对其拳脚相向，哪里还有心思注意什么结缘行善，只顾着怒火冲天，不吐不快了。但其实这就是一场循环的开始，是一场恶缘的开端。在佛经中，有轮回一说，而面对这样的情况，我们应当在心中默念隐忍，因为或许在过去某段时间，我们曾经这么对待过他，所以在因缘的运转下，我收到了今日的“果”，只要抱着这样的想法，我们就很容易平静下来。

除此之外，如果我们对那些对自己态度恶劣的人报以善意，那么下次再见面的时候，他的态度肯定就会有所改变。因为人心原本就是善良的，没有什么人会生来就对他人抱着恶意。而在我们的感化、容忍下，一次有可能演变成恶缘的因缘就很有可能变作善缘，成为我们的助力。

当然，我们也可以回去贪图一时的舒畅，愤愤地就上前理论，或者怀恨在心，从此两者之间矛盾不断，交火频频。但这又是何必呢？不断发生的矛盾只会浪费掉我们的精力，让我们与对方不断地交恶，除了愤怒、战火，什么也得不到。要知道，仇恨衍生的只有仇恨，怨恨产生的，同样只有怨恨。

因此我们在面对身边人的时候，更多的应该是表现出温柔、关心、爱护的一面，而不是自己暴躁、愤怒、敏感的一面。或许我们身处在一个和我们自身能力不相称的环境当中，但是即使在这样的环境当中，我们更应该谦虚，更应该温婉地对待他人，帮助他人。因为那些比我们水平低的人往往是最淳朴最真诚的，我们在他们身上所能学习到的东西，远远比我们在与自己能力相近的人身上学习到的要多得多。我们一定要牢牢记住，用诚敬、谦虚、忍让、平等的态度去尊重、去学习、去结交身边的每一个人，结交一份的善缘，而不是逞一时之强，反而种下怨恨的种子。

我们如何对待别人，他们就会如何对待我们。每一个人的心中都会有“滴水之恩涌泉相报，反之亦然”的心态，甚至怨恨还要比回报和感恩来得更加的凶猛。一处小小的结怨，很有可能会让我们美满的一生毁于一旦。从现在开始，让我们谦逊平和，用一颗感恩的心来对待这世界上所有的人吧，让自己成为他们的臂膀，成为他们的朋友，而不是他们的敌人和对手。

将心比心便是佛心

《贤文》中说“知己知彼，将心比心。”意思就是我们不仅仅要了解自己，同时也要去了解他人，设身处地为他人去着想，将心比心，理解他人，只有这样，我们的言行举止才不会冒犯到我们身边的人，也才能更好地被我们身边的人所接受和喜欢。

唐代洛阳白马寺净空大师是一位远近闻名、德高望重的大师，他平生很少对他人动怒，不论是对普通的百姓香客还是寺庙中的门人弟子，他永远都是一脸慈祥。对他来说，这个世界上没有什么事情是不能够化解的，更不会有什么解不开的仇恨怨气。正是因为净空大师的慈祥与平和，所以经常会有人找净空大师开解自己，帮助自己解决一些疑惑与困难。

曾经有一名富商总是收不回来自己的账，感觉十分的郁闷，但是只要是自己的小伙计出马，就总能或多或少的收回一些账来，所以他就感觉到很奇怪，为什么自己亲自出马要不回账，自己小伙计却能顺利要回呢？为了解开这个疑问，这名富商就来到白马寺求见净空大师。净空大师在听完他的遭遇之后，并没有说什么，只是吩咐小沙弥拿来一盘点心，并在上面撒上了一些胡椒的粉末，然后请这名富商品尝。富商吃过之后连连称赞，法师听后直接把整罐子的胡椒倒在点心上，又让富商品尝。

此时富商面露难色，净空大师这才开口，“你要账的时候刻板不知变通，丝毫不考虑那些人到底身处何种处境，只顾强硬收账，不许宽限半天，自然就很难收上账来，而你的小伙计在收账时懂得体谅他人，会根据各自情况不同收账，所以才能顺利收回。这就如同这盘点心，些微便是美味，一整罐倒上去，却是成了不能接受的毒药一般了。”

正所谓，“己所不欲，勿施于人”，我们不能将那些连自己都不喜欢的东西强加在他人的身上，否则很容易引起对方的反感，而在与人打交道的时候，我们应该学会换位思考，学会设身处地地为他人着想，不要提一些无理要求让对方为难，因为将心比心就是佛心。

人生在世不应该仅仅关注自己，更不应该自私地把自己当做世界的中心，用自己的标准去衡量这个世界上的一切。我们应该尊重他人，尊重差异，只有这样，我们才能平等地去看待这个世界，这个世界也才会平等地看待我们。

《大学》曰：所恶于上，毋以使下，所恶于下，毋以事上；所恶于前，毋以先后；所恶于后，毋以从前；所恶于右，毋以交于左；所恶于左，毋以交于右；此之谓絜矩之道。这段话的意思就是，如果你厌恶上级对待下属（我）的态度，就不要用同样的态度去对待自己的下属；厌恶下属对待上级（我）的行为方式，也不要用同样的行为方式侍奉我的上司；厌恶前人所做的事情，也不可以对我后面的人做那些事情；厌恶后人所做的事，就不要对前人做那些事；厌恶右边的人所做的恶事，就不要把同样的恶行加在左边的人身上；厌恶左边的人所做的恶行，就不要把同样的恶行加在右边的人身上，这就是将心比心。

换位思考所告诉我们的，是学习，是借鉴；将心比心告诉我们的是吸收，是改变。

只要我们做到将心比心，在看到其他人遇到困难的时候，才能敢于伸出我们的双手，即使我们无法帮助他走出困境，但是我们总是可以释放出我们的一份善意，并用这样的善意去呼吁更多的人，一起参与其中。如果世界上每个人都可以做到将心比心，将自己设身处地地放在他人的处境中，那么我们的生活必然会减少许多的不愉快，而我们的个人魅力也会水涨船高，得到更多人的认同。

当然，将心比心为我们带来的回报不仅仅是他人的认同和自我的满足，更多的是在这一过程中对自我的进一步剖析。最后，有一句话值得我们共勉，那就是："唯有自知的人才会自明，唯有理解他人才会被人理解。"

第七章 凡所有相，皆是虚妄

凡夫身心无主受其支配，造作善恶，身受其害，难得解脱。智者对境临事，无亲无疏，一切境物均平等对待，随来随应，随去随了，故说识也是空。修行之人能够识得五蕴全空，六根（眼、耳、鼻、舌、身、意）自然清净，五蕴全消，净裸裸，赤洒洒，无论四大、五蕴、六根、七情（喜、怒、哀、惧、爱、恶、欲）皆不障挠，真心永存，诸境全无，唯虚空大道，显露无限，本来面目显现矣。

佛即众生，众生即佛

“佛说众生，即非众生，是名众生。”——《金刚经》

传说当佛祖在菩提树下证道成佛的时候，睁眼后说的第一句话就是：“奇哉、奇哉，一切众生皆具如来智慧德相，但以妄想执着不能证得。”随后佛祖摇头叹息，望着手中托生的莲华微笑。

在佛的眼中，众生平等，无差别，无等分，众生皆佛，佛即是众生。但是，什么是佛，什么又才是被佛称作众生的“众生”呢？

“佛”其实并不是指某些特定的人，而是指世界上一切觉悟者，同时也是我们生活中的那些成功者。古语有一法通、万法通的说法，只要你有了觉悟，那么你就可以被称作是佛，而那些获得成功的人，在他们的身上也必然有着我们所不知道的感悟体会，有着他们独有的一技之长。

世间的佛其实并不在虚无缥缈的极乐世界，而是在我们的身边，他们是那些明悟了宇宙和人生的道理，能够看清在这世间种种虚幻背后真实的人，他们就是那些懂得了生活的真谛，努力的好好生活的人。佛，并不是信仰者精神幻想的化身，而是真真切切觉悟者的名号，是一切体悟着生活的人的集合。

有这样一个传说：曾经有人问佛，“你说世间万物皆有佛性，世间一切皆可成佛，那么狗也是众生，狗能不能成佛呢？”

佛回答：“不能。”

于是发问者质问，“既然你说了世间一切皆可成佛，狗也是众生，为什么狗不能成佛？你难道不是自相矛盾吗？”

佛微笑，反问这个人，“我说狗没有佛性，不能成佛，那么你身上有佛性吗？你能够成佛吗？”

提问者回答，“我是人，乃是众生一员，当然身具佛性，自然能够成佛。”

佛伸出手指，“那么我说你是狗。”

提问者发怒，佛看着暴怒的人，缓缓开口，“佛说世间一切皆有佛性，世间一切皆可成佛，佛就是众生，众生就是佛，其间毫无差别。当你向我提问，狗能不能成佛的时候，已经将狗从众生当中剔除出去，所以说，狗不是众生，不是世间一切，所以不能成佛。当你说你是众生一员，深具佛性，能够成佛，那么你已经把自己当做了佛陀，然而佛就是众生，佛自然也是狗，所以我说你是狗。分别心，执妄心，心被蒙蔽，佛就是芸芸众生；觉悟心，平等心，心思畅快，众生就是欢喜大佛。”

这就是佛与众生之间的区别，所有种种的不同其实全在于一颗不同的心，一颗造就了一体两面的众生和佛陀的心：佛的心像一面镜子，一尘不染，光洁明净，映照万物，无所不现。众生的心也像一面镜子，但是在镜子的表面上却覆盖了层层的灰尘，所以众生的眼中只看到眼前，执着于眼前所看到事物的一时的表面的现象，即便是内心有着清明透彻的光彩，也只能单纯的映照一层污秽，再不能无物挂心。

心不能够透彻，就会生出种种的分别心，名利心，也会生出许许多多的烦恼，无法看清真实的所求，看不到世界的真实，就会固执地认为，佛就是佛，众生就是众生，在看待自己的时候，同样会固执地认为自己只能安于现状，那些成功者、觉悟者与自己毫无关系，于是丧失了进取心，丧失了改变现状，改变一切的动力和勇气。

同样，正是有了分别心，所以我们才会在不自觉中把自己与身边的人划分成不同的群体，分为三六九等，就好像是佛与众生的差别。我们不得不承认，在现代的社会中，我们无法得到真正意义上的绝对平等，但这绝对不是我们放纵自己，自暴自弃，破罐子破摔的理由。

其实人都相同，都是具备慧根的，只有通过我们的努力，通过我们不断追寻和探究，终有一天我们才能够一朝蜕变，成为拈花微笑的佛，获得智慧的感悟，取得生活的成功。

不过就如高僧宣化上人所说的，“虽是人人皆可成佛，但成佛必定经过长期修持，不是一下子便可成佛。怎可一步没有迈，便说已证果成佛，真是说梦话，真是大妄语！”

的确，没有人可以不经努力就成功，想从众生蜕变为佛，我们就要有一颗坚持心、一颗进取心，抛却分别心，保持平常心。即便佛就是众生，众生就是佛，但却不代表我们每个人都能够随随便便的获得成功，即便是释迦牟尼，在真正的顿悟之前也是经历了常人所不能忍受的磨难最终才得到明悟，从此得到解脱和快乐。

“佛即众生、众生即佛”这句话其实是佛对我们的鼓励，鼓励我们哪怕身份卑微，哪怕在其他人的眼中失败落魄有如丧家之犬，也不要放弃自己的修行。你是现在的“众生”，但同时也是未来的“佛”，是一个蕴含了无限的可能的种子，在你的面前有着种种的机会，有着无限的可能，只要进一步，再进一步，一步一步向着前方努力着，又何尝不会得到属于你的那一份成果，享受属于你的那一份快乐？

还是开篇的那句佛经——“佛说众生，即非众生，是名众生”。佛就是众生，众生就是佛，即使现在的我们一时不能够明悟，只能被称作众生，而当我们明悟后，就是未来之佛，佛和众生便没有了区别。既然佛也是需要众生来做，可见那些成功的胜利者，其实也是由一个平凡人蜕变而成的。因为唯有经历了“众生”，才能从众生中脱颖而出，成为“佛”。

千万不要因为分别心而蒙蔽了自己本心，更不要轻易放弃自己的追求与梦想，我们要记住，欲做诸佛龙象，先做众生马牛。从“众生”蜕变成为“佛”是一个走向属于自己的成功的过程，我们唯有在内心中坚持，顶住外界的压力，才能真正地走完这条路，才会真正地获得大智慧，才能在一体两面的世界中，真正地蜕变为“佛”！

身入佛陀，度化苍生

传说，佛陀在得证果位的时候曾发下大宏愿，誓愿要拯救万民于水火，度化苍生往西方极乐世界。这是佛陀在成为大能者后的觉悟，也是一种有着大智慧、大宏愿的上位者的胸怀。

昔日佛陀于道场弘法，有魔头潜入化身凡人作乱。魔头问佛陀，“何为上师？何为上位？上师为何？上位为何？”

佛陀身放无量光，自天空落下香花，“悟心者上师，悟理者上位，上师开化民智，上位点醒迷途。”

魔头讥笑，“我看到佛陀周身光华无量，威严无量，兴荣无量，富贵无量，但是法华座下尽是衣衫褴褛的凡人，佛陀所为的，不过是凌驾在这些凡人之上的无量而已。”不等佛陀回答，魔头又问，“佛怕陨落吗？”

佛回答：“怕。”

魔头笑，“怕跌落无量，化成蝼蚁吗？”

佛陀周身火焰燃起，将魔头原型炼化显现。“佛言，悟心者上师，是为开化；悟理者上位，是为先行；上师者，责任在于开化民智，上位者，责任在于为众生点醒迷途。”

“佛陀身上有无量光辉，是众生信仰凝聚，是众生向往具象，佛陀为达者，为先行者，为众生目标，度化苍生，亦是在度化自己。无有众生，无有佛陀，众生为佛陀之母，人子焉能不度化佛母？”

万千信众叩拜佛陀，佛陀周身光芒更焰，“佛陀陨落，信仰失去归属，众生失去目标，信众失去指引，天下就会沦落混乱魔头，万千丑恶显化，再不复世间。”

佛陀的这个故事其实与我们常说的“达则兼济天下，穷则独善其身”名言有着异曲同工之妙，虽然只是简单的一句凡语，却是孕育着深奥的佛理。一切达者，一切先贤，当他们自身的位置和智慧到达一定高度，得到了常人所不能拥有的资源与财富之后从不会敝帚自珍，儒家开办学堂，佛陀圣僧四处弘法，商贾巨擘开仓济民，这些人无一不是在分享着自己的成就，向世人展示着他们成功的秘诀，教导那些后进的人向自身学习，而后接近、平等，最后再超越，继续影响更多的后进者，

其实，这就是大智者的胸襟，一种“达则兼济天下”的抱负，一种敢为天下先，达者育后人的崇高情操。而在现在的社会中，物欲横流、人心堕落，很多人为了财富不惜一切，在上位后却只顾四处炫耀，从不帮扶他人，像这种人，又怎能获得真正的成功呢？

纵观世界上那些站在金字塔尖的成功者，无一不是热爱公益，善于分享的人。世界首富比尔盖茨，曾一次性捐出自己90%的资产用于公益事业。台湾经营之神王永庆，从不舍得给自己买一条新领带，但是历史上捐赠最多的台湾企业家中国电商教父马云，要用自己的努力带领阿里

巴巴冲击地产房价，使人们活得更加轻松。其实这些人，才是真正的大智慧者，而他们的精神，也值得我们学习。

学习这种分享精神其实并不容易，因为成为分享者可能会使你在短时间内失去了很多，你会发现那些耗费你毕生精力所得到的成就似乎在瞬间就被其他人瓜分。但是你要知道的是，在你自认为失去了许多的同时，你也会得到很多意想不到的收获。

当你在成功后开始积极帮助他人，与众人分享你的成功之时，你未尝不是在重新审视自己，而在一遍遍的审视中，你将更好地认识到自己的所得、所失，收获宝贵的人生经验，而这些经验将为你接下来的人生做出更明确地目标与指引。

佛陀因为发下大宏愿而成佛，同样也因为身体力行的度化得到了万千信众的尊崇和信仰。人其实也是一样，没有什么人生来就拥有佛陀一样的大智慧，有着在社会中令人敬仰的地位。其实所有的人都是从平凡当中一步步爬上人生的巅峰，而在你一步步走向巅峰的过程中，在你的身后、在你的脚下，又有多少个你在意或者不在意，你看到或者没看到的人在默默帮扶着你。而当你鱼跃龙门之后，最应该感谢、最应该帮助的，也正是那些卑微了自己，却成就了他人的普通人。

现在的社会追求公平，提倡竞争，我们每一个人都有追求自己幸福和成功的权力，都有保护自己财富与资源的本能，没有人有权去要求那些获得成功者将他们的财富、他们的经验分享给普通人，更没人可以强迫他们去兼济天下，普度众生。但是我们只希望，当我们获得了成功，得到了幸福的时候，想一想那些还没有获得幸福的人，想一想那些生活的困苦与艰难之中的人们。让我们将心比心，当我们没有水喝，没有饭吃时，当我们老无所依，少无养时，是否会期望他人的帮助？如果是，我们又怎么能在有能力帮助他人时选择退缩呢？

凡有所生，必有所养，我们在帮助他人之时其实也是在帮助着自己，帮助我们在现有的基础上更进一步，让我们不会固步自封，在时间的长河中慢慢地腐朽衰败，最后被其他强者所取代。而想要获得大智慧，想要活的踏实，我们就要不断进步，不断发展，不断提升自己所在环境，让周围所有人共进，帮助自己周围的人接近自己，做到和自己相同的水平，甚至是超越自己，这样才会有竞争，你也才会更有动力。

当通过你的努力，造就了超越你的存在时，那么恭喜你，此时的你获得了超越想象的财富，那就是一个你所能学习、追求的目标，一个促使你进步、攀爬的方向，还有什么事情能比这个更令人兴奋呢？

佛陀度人，也是在度自身。三千罗汉，满天神佛，都是佛从众生中度化而来，也正是三千罗汉菩萨和满天神佛与芸芸众生，才最后成就了佛陀的伟大。佛陀如此，我们又有什么不同呢。当身入佛陀果，还请思及苍生根。

佛若舟，人若渔

佛语云，苦海无边。众生挣扎在一片苦海当中，生是苦，不生亦是苦，苦了今生，苦了来世。

但如果说众生是挣扎在这片苦海中无能为力的可怜人，那么佛又是怎样的一个存在？

有痴愚登上灵山，跪拜在佛陀脚下，“您说天下人都在苦海当中不得解脱，那么您又是怎样的存在？我看不到前路在何方，我找不到脱离苦海的方法，难道我注定只能在苦海中仰望您飞鸟一样的身影，却是注定了将要沉沦？”

佛祖当头棒喝，伸出手指在他的额头轻点，“痴愚！佛也在苦海，谁能超脱如飞鸟?”

“苦海广大，万事万物无一不在其中，区别只在于深陷沉沦，或者浮水若轻。天下人就是在这苦海中挣扎的可怜人，而佛陀，则是浮在这苦海之上，载着众生驶向彼岸的那一条大舟。”

“无了大舟，苍生何往，无了苍生，大舟何用！有用无用，皆是苍生，海中海上，皆在苦海！”

痴愚顿时顿悟。

佛陀在这个故事当中，给我们留下了一个万千佛经都在讲述，但是却少有人能够看出的隐喻。世间如苦海，人若渔，佛若舟，那么前路如何？方向归谁掌握？佛与众生，又是谁在指引着谁的方向？

佛陀的解释十分明了，无了苍生，大舟何用。

是的，佛，不过是在茫茫大海中给予众生依靠的一艘船，一个凭借，一个依靠，一份心灵的慰藉。可是，佛陀不是全部，佛陀不是给予，他可以指引我们的方向，但是最终如何走出苦海，如何掌控自己的人生，却还需要我们自己去探寻，去摸索，去研究。

其实，无论我们怎么选择自己人生路，无论在这条路上我们会经历什么样的挫折困苦，都需要我们自己去努力，去拼搏才能真正克服，走向人生的巅峰。而那些陪伴在我们身边的佛陀，只会像我们身下的这艘大船一样，默默无闻地成为我们的依靠，在一片苦海当中，不断地承载起越来越多的人，然后任由在船上的这些人去选择属于他们自己的路。

这就是佛陀的承担与放手。佛陀如父母，但是一味保护自己的孩子在羽翼下，又如何能够真正地让孩子成长起来，又如何保证他们在以后的路上，能够坚定的选择一个方向，迈出属于自己的步伐？所以佛只是大船，却不是舵手，佛只是依靠，却不是包办。

这也就是我们所说的“佛不渡人，人自渡。”

我们常常会看到，现在有许多人迷茫在这世界中，时而随波逐流，时而懊恼自悔，眼中所见、脑中所想、身体所作，没有什么是自己的本意，也缺乏正确的分辨是非的能力。其实这些大致可以分成两种，一种是从最初的时候就纯粹的在顺从，幼年的时候他们顺从长辈和师长，成年后遵从上级和同事，或者只是单纯的跟随一时的潮流，时而浮起，时而沉寂。

而另一种人则是以自我为中心，他们认为自己就是世界的中心，能够代表世界的一切，自己就能够处理好世界上的所有事情。他们不习惯于让自己去依靠别人，同时也不会允许自己轻易地成为别人的依靠。他们独来独往，是这个世界的独行侠，行走在人潮之外，渐行渐远，终至不见。

那些永远顺从的人就好比是痴痴傻傻坐在船上的人，他们以为在这片茫茫的大海中只要有了船作为依托，自己就已经和那片苦涩的海洋分别，可以稳妥地到达远方的彼岸。但，单纯的依靠就如同海潮波浪，他只是漂浮不定的在动荡，你随着这样的潮流固然会安全无比，但是"你"又在哪里？你的追寻又在哪里？沉醉在有船可以依靠的安全感中，享受着顺风顺水的便利，却听不到自己心中追寻的声音，最后你只会渐渐地遗忘掉自己的目的地，然后迷失在这样毫无意义的生活中。

与此相反，那些以自我为中心的人他眼中只有自己，别人的一切好像都与他无关，他们浅显地认为自己就是能够独渡大海的佛陀，海潮的变化是他们斗争的最好对象，远方的大船和船上的人们是他们最喜爱的嘲讽对象。天空中星斗的指引被他们无视，风中带来的讯息他们视而不见，他们只是认准自己的一条道路，奋力地披荆斩棘，冲刺在风头浪尖。的确，他们有的人成功了，但更多的人却消失在海浪之中，成为数不清的牺牲者中的一员。

所以我们要有"驾驭"的智慧。驾驭不是控制，不是驰骋，而是在规矩与先辈的引导下做出正确的选择。智慧的人懂得如何去依靠他人，也懂得如何成为他人的依靠，在接受指引的同时坚定自己的选择，他们懂得吸收对自己好的东西并且保留自己的个性，他能够看清身边的海浪的变化，或是顺应，或是破浪，他们从不放过任何有用的讯息，并且会分析和整合这些信息使之成为他们行动的指引，甚至连天空中的星月都会被他们当做参照的依据。

大道三千，条条可以成佛，士农工商三百六十行，行行都有状元。在生活中，我们所需要的不是追寻的手段，而是在追寻的过程中不会迷失方向的方法。只有学会驾驭自己的思想，明悟舟船与舵手之间相互依存的关系，才能找到通往彼岸的路途，才能收获人生的幸福。

慈悲消弭明王怒火

怒，无疑是人在七情六欲中最具毁灭性的一种情绪，怒火攻心，斩断多少美好，又伤害多少人。潜藏的怒与愤，锋利如斯，被怒火奴役的人，如斯可怕。

在一座建造在荒山上的寺庙中有一个聪慧的小和尚，他十分喜欢和寺庙当中同样聪慧的师兄们交流，但是每每遇到口齿不清、思维混乱的小师弟的时候，他的脾气就会变得十分暴躁，经常训斥那些师弟们。师傅曾经再三训斥他这个毛病，但是当时他都会满口答应，但是一旦遇到同样的情况，他依旧是控制不住自己的怒气，还是会变得十分暴躁。

由于身处荒山，所以寺庙里的和尚每天都必须自食其力的耕种、砍柴、生火、做饭。这天，小和尚来到山上砍柴，碰到了一只小猴，童心未泯的小和尚开始试着教导小猴分辨一些简单的事物。虽然小猴十分聪明伶俐，但是却依然不能分清楚小和尚手里拿着的到底是木柴还是汗巾。不过小和尚却越教导越开心，虽然小猴并没有学会什么，可小和尚的心中还是洋溢着分外的喜悦，回到寺庙之后他就把这件事情告诉了方丈。

方丈看着小和尚说：“同样都是不开化的愚昧生灵，为什么你会对你的师弟们发怒生气，对于一只山林间的小猴子却是如此的兴趣盎然？”

小和尚看着方丈，脑中仿佛有一道灵光闪过，他明白方丈是想要向他讲解什么，但是却只能隐约地感觉到，并不能抓住那种感觉。

方丈继续开口，“你把小猴子和你的师弟们分别看待，这已经是起了分别心，你认为师弟们是人类，不应该听不明白你的话语，所以心中生出忿怒，你把小猴子当做笨拙的生物，所以生出慈悲心，即便是它再笨拙也依然具有耐心。你的错误不是在于对你的师弟们发怒，而是不能够试着用同样的慈悲心去看待这世界上的一切事物。”

愤怒和慈悲心的差别，不在于表象，而是在于一个人的内心。

在佛教中，佛陀显化的诸般法相当中，不动明王正是忿怒法相的显化，不动明王誓愿“见我身者发菩提心，闻我名者断恶修善，闻我法者得大智能，知我心者即身成佛。”明王用自己的愤怒恶像震慑住世间一切的恶者，他是佛陀诸般慈悲当中的一道另类光明。佛陀的怒火是为了慈悲，他愿意用自己的身体承担毁灭所造成的一切因果业报，只为了能够拯救眼中的不公平和灾难。

佛陀能够控制住自己的心，所以愤怒也是慈悲，慈悲同样可以是令人震怖的毁灭。但是人，终究不是佛陀，当愤怒的火焰燃烧的时候，他的眼中所能够看到的，只有不理智。而在此时，我们只有让自己的内心冷静下来，用和缓慈悲的心看待自己，并看待别人，不会因为冲动与愤怒而酿成恶果。

“欲知前世因，今生受者是；欲知未来果，今生作者是。”人生当中总会遇到挫折或者困境，在这样无边无际的生命的轮回中，我们为什么还要让只能够伤害其他人的愤怒的火焰来控制心灵？世间万般皆是姻缘因果，一颗不自由的心注定会在这样的世界当中一遍遍的接受不同的磨砺与荆棘。

或许我们是被汹涌的怒火一时间蒙蔽了心灵，并且毫不阻拦地发泄出自己的怒火，换一时的宣泄，但是当这阵怒火消失之后，我们却需要花费十倍、百倍、甚至是一生的时间去弥补那些令我们遗憾的过错。

有多少人因为怒火而锒铛入狱，又有多少人因为怒火酿成悲剧，他们面对自己的亲人，面对冰冷的监牢，大多都会说出一句令人嗟叹唏嘘的话："只怪当时一时冲动……"

一时的冲动，造成的岂是一人的悔恨。毁灭永远要比重建来得容易，愤怒的力量也永远都不会被人轻易控制。一念起，一念灭，很多人曾经就是因为沉溺在这样的世界当中，因为自己的愤怒的爆发，伤害了别人，又再一次在他人的一念之间受到了伤害。

那么，我们到底怎样才能从这样的循环中摆脱？

首先，我们必须要能够真正地拴住心猿，锁住意马，在我们心中的最深处种植下一颗平和的慈悲心。不论是怎样的困境挫折，不到生死，就总会有解决的方法，即便是面对生死，冲动的怒火除了会让事态变得更加混乱，对任何处在其中的人，除了伤害，还会有怎样的结果？人们常说："未成佛道，先结人缘"，不能用平和的心看待别人和自己，又怎会得到他人的支持呢？

佛经有云，"多嗔众生慈悲观"。在自己的内心当中种植下慈悲的平和心，并不断对自我进行心灵上的修养和锻炼，常常审视自我，回忆自己在愤怒时候的心情，思考别人在自己发怒的时候会有什么样的心情，回忆自己在受到别人愤怒伤害的时候自己的感受，你会更加清晰地看到自己心灵上应该做出怎样的抉择，究竟是用慈悲心去宽恕，还是用忿怒心去毁灭，全在你的一念之间。当你因为某件事情辗转反侧睡不着觉，觉得实在无法用你的慈悲心去宽恕对方的时候，真正因为这件事情受到煎熬的，难道不是你自己吗？

佛经有云："诸佛如来，以大悲心而为体故。因于众生，而起大悲；

因于大悲，生菩提心；因菩提心，成等正觉。”拥有一颗平和的慈悲心，在熊熊的怒火燃起的时候能够及时熄灭心中的怒火，解除眼下的困境，而这样展现在我们眼前的世界，才会是一个完美的世界。

理解为大慈悲

人心是一扇门，如果不曾敞开，就永远见不到真我，而不曾进入他人心扉，也就无法理解慈悲的真意，没有将心比心的慈悲终归只是一株无根的浮木。

信奉佛陀的席默罗国和信奉魔主的波旬达国发生了战争，席默罗国的国王为了战胜波旬达国，秘密地研发一种新式的武器，为了保密，他没有将这件事情告诉任何人。而在远离战争的后宫里，同样也没有人知道他在干什么。他的王妃每天都在皇宫的门口等待他的到来，但是一天天过去，敌军的攻势越来越猛烈，可投入到研究中的国王仍旧没有出现。王妃心中开始产生各式各样的猜测，如国王已经战死沙场，或者已经被敌军俘虏，心中不安的她把自己的这些猜测告诉了其他妃子，结果其他妃子都信以为真，一时间后宫谣言四起。

终于，王妃忍受不住内心种种猜测的煎熬，一个人跑了出去，消失在茫茫山林中。等到国王归来，早已不见了他心爱的人，最后国王心如刀割，抑郁身亡。这是佛经上的一个故事，而佛陀用这个故事向他的弟子开示：因不理解生大恐怖，因大恐怖生大猜疑，于是生贪嗔痴，于是生五蕴盛。

我们在上面曾说过慈悲心是幸福的基础，而理解他人则是一切慈悲的基础，所谓的理解，就是能够理解发生在其他人身上的无奈和痛苦，理解不仅仅是我们的朋友，甚至是我们的敌人的身上也会出现和我们一样的痛苦，甚至是更深沉、更剧烈的痛苦。每当我们遭受到苦难的时候，我们总会下意识地把自己当作是所有苦难的唯一受害者，而这样的感觉不过是我们的一种错觉，当我们在遭受着痛苦的时候，一定还会有其他人也在遭受着痛苦，遇着各种各样的困难，有着不同的恐惧和担忧。如果我们因为自己痛苦就去加深他人的痛苦，那么无疑是最恶劣的行为。而如果我们能在看到自己的痛苦的时候也看到其他人身上正在发生的痛苦和煎熬，并逐步理解他人的时候，慈悲，就再也不会是我们单纯的挂在嘴上的一句空话了。

但事实上，我们是否曾经花费了足够的时间去尝试着了解其他人的状况呢？这个人可能是我们身边一个暴躁的朋友，或者是我们难以相处的上级，亦或者是我们脾气古怪的下级。他有可能与我们有恩，也可能有怨，但是假如我们细心地去观察，我们一定能够发现在他们无所谓的表情下其实也隐藏着连他们自己都不知道该如何处理的痛苦，也许他们能够容忍，但是却在不知不觉的时候影响我们也在感受着无形的痛苦，而此时的我们应该去包容他们，呵护他们，减轻他们的痛苦。

所以，当你有了这样细致观察的心境，有了觉知或是正念，你就可以在了解他人痛苦的同时去尝试着理解，而这样的不断理解，则会让你逐步产生慈悲心。当你怀着一颗慈悲的心去观察你身边世界时，你会发现原来在自己身上的痛苦其实并非是不能接受的，也并不是让自己丧失做其他事情的动力的缘由。怀着这样的心，你会对周围所有的人充满善意和理解，而你所感觉到的生活上带来的痛苦也会相应地有所减轻。如果你对着一个人微笑，那么他就会感觉到你的善意和理解，也会回馈给你同样的慈悲与微笑。

如果没有理解，慈悲就只是一句空谈，只有你深入地去观察，去探索，你才会有机会了解他人。禅修是为了了解他人而深入观察的其中一种方法，很多的寺庙当中都开设这一门课程。虽然我们并不在寺庙当中，但是也丝毫不影响我们通过平静自我的内心，用这样的方法来加强自我的修养，让我们用平等的眼光去观察人，去理解人，去影响人。当所有的人都能够用一颗尝试着理解他人的心、尝试着用慈悲的眼光去观看其他人的时候，我们的世界就丝毫不比所谓的极乐世界差了。

所谓天堂，就是无数的慈悲聚集的地方，你的心中存在着慈悲，哪怕你什么都不做，只是平静的呼吸，你都会在无意中影响到你周围的人，一份平静的态度，一份慈悲理解的行为作风，就是一种感化他人，感召他人的最好的风向标。你能够了解自己，用慈悲的心情对待自己，你就会明白并且理解如何才能够更好地处理发生在你身上的痛苦和灾难，你才能更好地照顾你自己。当你能够照顾好自己，你才会有能力去帮助其他的人处理相同的事情，用这样的方式改变你的生活，改变其他的人。

或许，你一句简简单单地鼓励就能够让对方产生绝处逢生的感觉，你轻轻的一句赞美，就有可能把一个人从绝望的深渊当中拯救出来。怀着慈悲的心能够让我们觉得世界是如此的美好，人和人之间其实并没有那么多的限制和分别。世人原本就是一体，有什么分别？

其实所谓的慈悲并不是简简单单地向那些受苦受难的人表示关心或者关怀，更不是简简单单好像是敷衍一般的把你所谓的内心的温暖表达出来，你一定需要清楚地认识到是什么使得他们感觉到了伤心和痛苦，清楚地明白此时此刻接受你帮助的人心中到底是有着怎样感受，这是一种绝非一朝一夕就能够培养出来的心，这是一种面对困苦的世界，能够用持续不断的大毅力、大恒心去进取，去努力，去付出才能够做到的事情。

有时候人们会为了私心而处处为自己谋算，会一时蒙蔽自己的慈悲心，会希望只有自己能享受到无忧无虑的大解脱的心境。但是我们必须知道的一件事情是，只有处处为别人着想，相互联系，相互理解，相互关怀，这样才会感觉到慈悲与自在。

慈悲是改造社会的大宏愿

世上的人大多数都听说过所谓的西方净土世界，但是对于东方药师佛传下的关于现世的法门却知之甚少。在所有的佛陀之中，药师佛是一种比喻的集合体，也可以说，药师佛是药师这个概念凝聚而成的一尊佛。

释迦牟尼在讲解《法华经》时曾说过，佛是大医王，能医众生之病，能救众生之苦。所以天下间的佛都可以称作是药师。但是和这样的传统意义有所不同的是，药师佛在发出宏愿成佛的时候，他所发出的所有誓愿却几乎没有什么是有关来生的，而无一不是在关注着现在，关注着与我们息息相关的社会。

事实上，“最真切的佛心，离不开对社会的关怀；最根本的佛行，不可脱离世间。”药师佛之所以能够成佛，之所以能够成为“身如琉璃，内外明澈，净无瑕秽”万德庄严的药师佛，开创出和西方极乐世界不同的一个世界，这一切的原因也就是因为他和其他佛所关注的世界不同。

他眼中所看到的，正是你我现在所看到的现实世界。

《大智度论（释初品·大慈大悲义）》：“大慈与一切众生乐，大悲拔一切众生苦。”这就是在说，只有使这世界上的所有人感觉到解脱和快乐，没有什么灾祸，这样的人才称得上大慈大悲。而药师如来佛所想所作，则无疑不是在践行着这样的信念。

“愿我来世得菩提时，以无量无边智慧方便，令诸有情皆得无尽所受用物，莫令众生有所乏少。”只有多多的为社会创造出财富，用自己的力量去谋求社会、谋求自身的利益，并且在这样的基础上去帮助他人，改变他人，让所有的人都能够有一技之长，让饥寒交迫不再存在，这应该是我们的终极追求。佛如是地说着，如是地讲着，这是他一切的中心，也是我们现在应该看待这个社会的态度。

在药师佛的愿望中，第六大愿是助残。“愿我来世得菩提时，若诸有情其身下劣，诸根不具、丑陋、顽愚、聋盲、喑哑、挛躄、背偻、白癞、癫狂，种种病苦，闻我名已，一切皆得诸根具足，一切皆得端正黠慧，诸根完具，无诸疾苦。”他看到了那些因为身体的残疾和病患的人身上那种非常深重的痛苦，这些人如果只是靠自己在角落中舔舐自己的伤口，而无人问津，那么这样的世界中哪里会有幸福和美满存在？

而我们要学习的，是怀着佛心去看待伤残的病人，他们和我们并没有什么本质上的不同。更因为他们现在处在一种特殊的状态，我们更应该去帮助他们，让他们得到更好的照顾，让他们的人生焕发出希望的火焰。用一份慈悲对待他们，会让我们更加珍惜现在自身的完好。

第十一大愿为助困。“愿我来世得菩提时，若诸有情饥渴所恼，为求食故，造诸恶业；得闻我名，专念受持，我当先以上妙饮食，饱足其身，后以法味，毕竟安乐而建立之。”这已经不是简简单单的一道宏愿，这也同样是我们现在的社会所面临的问题。尽管随着社会的进步，我们身边已经不会再有因为吃饭的问题而出现的种种饥荒，但是放眼在世界的格局上，那些远离我们身边的可怜的人，那也是我们的同胞，也是我们生活在地球群上遥远的不曾看到的亲人。佛说平等，慈悲又何曾有过国界。一个社会的改变，一个世界的改变，需要慈悲与帮助。

第十二大愿为济贫。“愿我来世得菩提时，若诸有情贫无衣服，蚊虻寒热，昼夜逼恼；若闻我名，专念受持，如其所好，即得种种上妙衣服，亦得一切宝庄严具，华鬘涂香，鼓乐众伎，随心所玩，皆令满足。”贫困贫困，伴随着基本生活的困，我们的话题中永远少不了贫。贫这个词正是一个蒸蒸日上的发展中的社会不可避免会遇到的事情。

你或许会觉得自己并不存在这样的问题，那么当你看到比你自己地位更高，更加富有的人的时候，为什么会在心中产生阴影？贫，并不仅仅是物质上的多少，更多的，这是一种人的自信和尊严。外界的条件更多的时候是一种象征，而如何让我们的心变得充实和快乐，却需要我们不断修行和学习。

一个人真正快乐的事情，其实正是在于奉献自己，通过自己的力量去改变社会，让社会变得更加美好。不论是前面药师佛宏愿当中与我们息息相关的问题，还是我们现在所追求的幸福的生活，这些都是我们活在当下，活在现在所应该关心和追求的事情，是我们应该努力为之奋斗的事情。怀着一颗慈悲的心，不仅仅是要关注自己身边，更要去改变更宽广、更遥远的社会和世界。

“曼殊室利，有诸众生不识善恶，惟怀贪吝，不知布施及施果报，愚痴无智，阙于信根，多聚财宝，勤加守护，见乞者来，其心不喜。设不获已而行施时。如割身肉深生痛惜”。不论是心灵，还是从物质，唯有出于公益而不是私心，这力量才会广大蓬勃。

用慈悲去改变社会，这是一份伟大而遥远的事业，更是来自于我们的奉献和内心，当我们用一颗关心着社会、关心着他人的心来做这件事的时候，一股足以改变这个社会的巨大的力量就会涌现出来。这才是真正的大慈悲心，真正代表着佛陀之心的心愿和力量。

墨守成规，不若就善若轻

普生大师曾说过：佛心永远都是疼痛的，因为无法渡尽世人。世上总有诛不尽的妖魔邪道，笑不尽的世俗庸人！地藏菩萨发出宏愿：地狱不空，誓不成佛！这些无一不是佛者的慈悲。但是到底应该怎样做才能真正做到慈悲，怎样做才真正是代表着慈悲的本意，才是真正的佛陀之行？

传统艺术形象当中，有佛家行者名为佛剑分说，身负杀生罪业，在茫茫红尘中阔步前行。佛心本应是慈悲，但是纯粹的慈悲，未必就能在这样的浑浊世路当中走出一片惩恶扬善的光明大道，想要渡尽世人，想要在芸芸众生当中一一了结佛缘，有时候确实需要走上一条另类的道路。俗语中有“善有善报，恶有恶报”的说法，以彼之道还施彼身，只为了图求这世界一个朗朗乾坤。佛剑分说最初只身闯关，又受到诸般地狱刑罚加身，终于得到曾经一度挑起两国交战的宝物佛牒，更是发出“地藏曰：地狱不空，誓不成佛，佛剑却云，愿无间之中，只得吾一人”的广大宏愿。

佛者是慈悲的，而剑者是清冷的，佛剑分说，得到了佛尊降下的法旨，发誓要渡红尘领受万千浩劫。在他的身上背负着佛家当中最沉重的杀生大罪，但是他一颗慈悲的佛心，却又无时无刻不在为天下苍生念想。虽然心在红尘之外，但是佛者的身却在红尘之内。对于佛者而言，他走上的并不是所有人眼中的一条佛路，但是却是为了天下苍生而行走的充满了血与罪的无间佛路。

佛剑分说即便是身在无间，他脚下的行者之路依旧无悔。哪怕落入凡眼离经叛道，依旧步步坚实。

佛陀曾经演化出诸般法相，化作是这世间的种种的形象，曾有嬉笑怒骂，曾有流连花丛，也曾有过刀刀见血，也曾是那红粉骷髅。佛的心中充斥着发自对人心、对社会的慈悲和善意，佛不论是舍小顾大、还是在众人的冷眼当中行走，他所为的都是改变这个苦难重重的社会，都是为了度化这世间的人。表皮的改变，无法改变佛的本质。就如同做法的改变，不能够遮掩善行的本质一样。

然而人总是愚昧的，他们的眼中只能够看得到佛所演化的三千六百万法相，但是就在这样的三千六百万法相当中，到底怎么做才是真正的遵循了佛的教诲，才能够养出一颗禅心？人们总是不明不白，更不知道该如何去做。

其实，问出这样的一个问题，你的心已然落于下风，偏离了真正的路途。你所执着的做法，已经是落在了皮相，忽视了真正的内在。

孟子认定人性本善，荀子则认为人性本恶，人的本性性善或者性恶，不论怎样的区分怎样的分说，都能够找到他有道理的地方，可是不论怎么说，都不能够概括人性的百态。这样的辩论议题，从古至今证辩不断，就算是到了现在也没有丝毫确定的答案。但是无论人性性善或性恶，我们人性的复杂、人心的难测，其实也不过是看待的态度有所不同，其他的更是毫无差别而已。

如何看待善，如何像佛一样修行善，如何像佛一样去慈悲，其实也和这争论了千百年的人心善恶一样，根本不存在什么正确与否，也不存在什么谁高谁下，更不是我们所应当去争议、关注的事情，一切其实端看人心而已。

做事情就好像人的性格善恶一样，从来不曾有过什么定数，一切的事情其实只看最后的结果是否有益于社会，有利于他人，是否不曾背离社会正义公平而已。不论是怎样的做法其实都会具有它应该的合理性，不能够单纯的凭借常规一己之见来进行判断。杨朱拔一毛以利天下而不为，墨子的兼爱天下非攻平和，这些事情和举措从来和那个人的身份和做法无关，所有的一切，只不过是看待他的出发点和最后结果而已。

不拘一格，不墨守成规，这种道理并不仅仅体现在自我立身处世，对于所有还处在学习当中的人们也有着像样的警醒意义。并非是每一个人有了独一完备的意识体系才需要打破常规，学习实践、尊师重道之余，选择性吸收学习，对于老师的教授也要敢于探寻和质问。如果说你真的是发自内心地想要求证一种正确，想要求证一种真相，固执地墨守身边陈规，不肯质疑，阻挡住你的路途的将会是你自己。

世间种种有着千百万种选择随时随地在等待着你下一步将要迈入的方向，世间有着说不尽的规则在无时无刻地束缚着你的思想和行动，我们到底应不应该墨守成规，规规矩矩毫无分差的和其他人一样生活在同样的世界和环境，一生的目标就是不逾越轨迹，毫无错误地活着，甚至是为了遵守规则而改变自身的做法和选择，从而使自己变得太圆滑呢？其实，这些从来都不重要。

既然在我的心中存着一方善念，那么我放开步伐前行便是，又何必要守着或者故意去破坏种种规矩，以此来表现自己的同或者不同呢？心不放在做而是放在手法，不去看自己出发的原点和最终达到的结果而盲目行事的话，那么我们这一日日、一天天，不过白白给自己加上重重桎梏而已！

千里鹅毛，滴水入钵

在我们的人生当中，曲折坎坷不计其数，我们遇到的不能战胜的艰难险阻，甚至是失败和挫折，总是把我们折磨得奄奄一息，甚至经常会有放弃的冲动。但是就在这样的时刻，假如有一个人向你伸出了援助之后，哪怕只是一句简单的话语，哪怕只是小小的一个提点，那么这样的人，这样的举动，必然会使你从内心就由衷的感激。而这样一种感激，往往就会在我们的内心深处种下一粒名为感恩的种子。

一个人用自己的双手把你从深渊当中拉出来，甚至是用肩膀把你从无边无际的泥泞中扛出来，让你安全，让你生存，让你能够有机会走向生命中的高峰，而他或许并不奢求你会有什么回报他，他只是出于本心的一种善意，出于对眼前社会的一种回报，所以他帮助了你，但是当你从心中生出一种名为回报的心情时，感恩的种子已经在你心中牢牢扎根。

《佛说九色鹿经》记载，古印度恒河边居住着一只鹿王。他的皮毛洁白如雪，身体上分布着九种美丽的色彩。这一天一个溺水的人顺着河水飘来，九色鹿听到这个人的呼救声马上赶到了河边，好不容易才把这个落水的人救上来。

落水的人向九色鹿磕头，希望能够留在九色鹿的身边报答九色鹿。九色鹿并没有答应这个人的请求，只是嘱咐他不要把自己的行踪透露出去，随后就远远地跑开了。

就在同一天，国王最宠爱的一个妃子做梦梦到了九色鹿的美丽，日思夜想着用九色鹿的皮毛来做一件衣服，渐渐就生病了。国王为了满足王妃的心愿，就开始在全国重金悬赏九色鹿的行踪。

先前那名落水的人心中贪念升起，于是就带领国王去寻找九色鹿。当国王围住九色鹿的时候，九色鹿忽然全身散发出神光，开口讲出了曾经救人的经历，然后纵身一跃消失在远处，使国王的围捕计划落空，而那名落水的人受到万人唾弃，最后生病而死。

其实，像那个落水者一样能够忘恩负义到这种地步的人还是少之又少。古语云佛者善心，我们应该用慈悲眼神看待世界，要相信人心中天然的善意，不会因为外界的种种欲望而消失泯灭。

佛者认为感恩是每一个人与生俱来不可磨灭的本性。甚至在佛陀的诸多法印当中都有专门一式所表达的，就是佛陀抓着手里的诸般珍宝向着世间布施。佛陀身上汇集了太多的人世间的光华和珍宝，所以他专门会有这样的一个法印，就是因为在他的心中有着深深的感恩之心。天下苍生造就了他，他所回报的，所要度化的，自然也就是这天下苍生。

感恩之心是我们每个人生活当中不可或缺的一部分，他就像是阳光和雨露一样时时刻刻滋润着我们的身心。不论你有着怎样的地位，不论你是尊贵还是卑微，不论你身处何地，不论你曾经经历过怎样的人生，一颗感恩的心，会时时刻刻温暖着你，并温暖着你身边的每一个人。当你得到了其他人所给予的帮助，冥冥之中你已经感受到了从其他的人身上流露出来的祝福、善意等正能量，你得到了无形当中可以使你更加自信，更加坚强，更加阳光的面对生活当中不如意的奇妙的力量。当你同样怀着一颗感恩的心去帮助其他人的时候，他们同样会从你身上感受到相同的力量。这是力量的传递。

在漫漫的人生路上，我们所遇到的各种各样的人所给予的点点滴滴的帮助和关心其实都值得我们每一个人去细心的记住，铭记住的不仅仅是我们接受了谁的帮助，好让我们以后去帮助、回报他们的恩情，而是去记住这种纯粹的人和人之间的美好的交流和力量的传递。仅仅是简单的报恩，这并不是我们所希望的感恩，更不是所谓的感恩的内容。感恩，是一种心灵的感动，是一种心灵的蜕变，更是一种修养，一种让我们去知道、去明白，去别样地看待这个世界的行为。

感恩是一种哲学，是一种态度，更是一种大智慧，一种可以消除彼此之间隔阂和怨恨的奇妙的力量。看到别人处在困难的时候，并不需要刻意去做什么，走到身边，一句简单的加油，一声简单的努力，这样淡淡的温馨的仿佛鹅毛一样不起眼的话语，却是能够让我们在最看不到光明，见不到希望的时候感受到温暖。如果缺乏这种情感，必然会导致人和人之间的冷漠，没有感恩之心，又何谈对社会的贡献，对其他人的帮助，又如何让我们的下一代更好地感受现实中人与人之间的美好，让他们更豁达地面对人生的挑战？

所以，学会怀着一颗感恩的心，就是学会去尊重别人，帮助别人，同时学会反思自己，反思社会，反思我们所看到的每一件事情。当我们看到别人的善行的时候我们应该尝试去学习，而不是冷漠以待，我们看到恶行的时候应该勇于站出来制止，而不是怯懦。感恩的力量教会我们减轻痛苦，教会我们更加阳光正直的生活。

所以我们学习感恩，不是为了报恩，所以我们学习感恩，单纯的只是为了铭记，所以我们学习感恩，只是单纯地为了去感受这样的一份感动。我们深深地铭记住这样的一份感动，用同样的一种眼光看待他人，用同样的一种行为帮助他人，哪怕微薄如鸿毛，涓滴如凝雾。因为有了善的力量在内中，所以才显得无比贵重。

分享如甘霖

《菜根谭》中有这样一段描写：经路窄处，留一步与人行，滋味浓时，藏三分让人享。说的是，在经过狭窄的道路时，要留一步让人过得去，在享受甘甜滋味时，要分一些给别人品尝，学会宽容与让步，学会分享与分担。

昔年炎国与夏国原本是和睦友好的友邻之邦，一天，两个国家的君主在一处山林饮酒作乐，同时看上了这座优美静谧的所在，于是都想要把这里占据在自己的手中，方便以后的享乐。两位君主争执不下，最终不欢而散，起先原本不过是不停地制造一些不大不小的摩擦，但是发展到最后，竟然开始大动干戈，相互攻打起来。原本和睦友好的友邻之邦，瞬间变成了仇人相见分外眼红的敌人。

后来，炎国国君的王妃鹿女因为生下了一朵莲花而遭到国内宫人的排挤，莲花被人悄悄地丢出宫外，辗转落入夏国国君的手中，被他当做自己的亲生孩童抚养。后来从莲花中生出来十名各有神威的孩童，夏国国君认为一举扫平炎国的机会到来，于是开始发兵攻打炎国。在最终决战的时候，鹿女认出了自己的孩子，用乳汁唤醒这十名孩童记忆最深处对母亲的牵绊，终止了这两国之间的战争。

两国国君终于因为这些孩子和鹿女的关心有了平和相对的机会，看着连年征战造成的破坏，回想自己因为一时的私欲而造成这样的破会，两名国君终于重归于好，发誓再不相战。

一时的私欲，一时的独占的欲望，就这样破毁了两位朋友之间的情感，进而造成了这样大的破坏。如果两个人能够多多少少的学会去试着分享，或许后面所面临的种种问题、所造成的种种灾难，就都不会发生了。

人与人之间在沟通的时，更多的都是在倾诉自己的想法，而沟通正是分享彼此想法的途径之一，我们其实完全并没有必要把自己包裹得严严实实，就好像是一只刺猬一样把所有的人拒之门外，生怕会有什么人闯进自己的世界伤害到自己一样。这样做只会让别人更加疏远自己，不仅自己不能去拥抱别人，别人同样也不能够去拥抱你。我们应该学着去放开自己的胸怀，尝试着去分享，去沟通，去交流。不用害怕会吃亏，老人们常常把吃亏是福这句话挂在嘴边，这正是因为，比起和其他人分享、交流得到的快乐相比，有时候吃小小的一点点亏，又算得上什么呢？

我们在生活当中需要坚持，需要坚强，但是我们的坚持和坚强并不是意味着我们就要牢牢地防御自己，比起枯燥的防御自己，为什么不选择更为轻松的放开自己？去敞开我们的胸怀去分享自己的喜怒哀乐，不再一个人默默地承担所有的一切。我们为什么不去把自己的感情宣泄出来，分享给我们身边的人呢？因此，我们需要去学习，学习如何分享，分享我们的幸福，分享我们的甘苦，学着用我们的分享去感动他人，用我们的分享去浸润他人的生活。

分享需要勇气，需要诚信，有时候还需要带的一点舍得，分享我们的快乐，得到的是加倍的幸福，分享我们的悲伤和烦恼，失去的是独自面对的悲痛和讲出时的面子，得到的是朋友的慰藉和温暖。唯有分享，唯有舍得，我们才能得到更多，才能享受到更多。

我们从来不曾试着去诠释一下所谓的分享是什么，就好像我们从来不曾去阐释快乐是什么一样。我们只是把分享当做一种习惯而在生活中不断践行着，把分享当做是我们生活的一部分，分享着，快乐着。曾有这么一句话，如果我有一种思想，你有一种思想，那我们相互交换，每个人便有了两种思想。所谓分享，就是这样，简简单单，但是却会让我们每一个人在普通平实当中就感受到快乐，得到许多。

有一个著名的故事，讲的是两个横穿沙漠的人，一个人手中有着一篓子的鱼，另一个人手中有着钓鱼的工具，故事有两个结局，一个是两人分头行走，有钓鱼工具的人因为没有鱼饵饿死，另一个人因为鱼不够吃也饿死了，两人都在找到大海前丧生。另外一个结局却是两个人通力合作，不仅找到了大海，还在大海的附近成功生活了下去。所谓的分享，其实就是这样，往往能够创造出双赢的局面，让一个人获得更多，甚至于获得某种意义上的重生。

这其实是一个永恒不变的真理，分享有着让所有人意想不到的力量，他能够让人和人之间的感情更加密切，增加人们彼此之间的信任，让原本不可能的事情变得可能，让干枯的心灵瞬间变得温润。分享不仅仅能够获得物质上的互补，更能使我们得到心灵上的丰富。这，也是一种智慧。

有些人或许会问，分享，难道我们所拥有的一切都需要拿出来分享吗？那些我们视若生命一样的东西也要拿出来分享吗？不，当然不是。分享，只是让别人同样感受到你的一种情感，得到与你相同的一份感动。分享并不是意味着全然的奉献，这两者之间就好比是水火一样，其实是有着根本的差别。你所视若珍宝的，正如甲之砒霜，乙之蜜糖一般，我们只要珍藏起来就好。每一个人都应该有独属于自己的东西，这和分享的宗旨是毫不违背的。

学会去分享，就好比是在我们的身边他又升起了一座太阳，时时刻刻让我们身边的人感受到温暖，滋润了自己，也滋润了他人。

第八章　韬光养晦，伺机而动

佛要求修行者虽为俗人也要“不染世乐”，要对“五欲”适度把握，正确运用，不可贪着“五欲”，因为它给人带来的是临时不长久的乐。这种乐是不彻底、不究竟和短暂的。作为菩萨要寻求永恒快乐，万不可执着于梦幻泡影般的快乐，应追求清净而永恒的快乐。

庄重待佛佛恭敬

传说在很久以前有一个奇怪的僧人，他做早课时打瞌睡，念佛经时心不在焉，但是他却恰恰被方丈住持选做了接班人，这是为什么呢？让我们来看看他的故事。

一天，晨钟暮鼓，烟雾缭绕，庙中每日必做的早课在木鱼声中缓缓开始，不论是新入室的弟子还是已经浸染了多年青灯禅香的僧人，无一不在心中默念佛号，庄重肃穆。然而在人群中，却有一名和尚面色倦怠，躲在其他僧人的后面偷偷小憩，而他，也就是我们上面所说的那个奇怪僧人。

等到早课结束，住持将其他僧人遣散，单单留下他独自睡在大殿之上，并不许任何人去惊醒他。于是这名僧人一直睡到了午饭时分，而待他睁开眼睛，却发现不知道是谁捣鬼，把他挪到了佛像的臂弯中。几名小和尚躲在角落中准备看师兄的笑话，不想这名和尚却是笑着拍了拍佛像的胸膛，丝毫不以为意地翻身下来，走到斋堂吃饭去了。

几名小和尚愤愤不平，觉得这名和尚的举动简直就是在亵渎佛的威严，决定去老住持那里告他一状，但老住持听到几名小和尚的抱怨后却没有如他们意料的一样大发雷霆，而是深深一叹，说出了一句：“禅佛知味，下一任的住持就是他了！”

为什么这名和尚不仅早课瞌睡不被训责，甚至在作出看似亵渎佛像的举动之后也没有受到惩罚，反而被住持当做了接班人？那些平时恭恭敬敬一脸肃穆的人心中不服，纷纷要求老住持解释。

老住持叹息道：“你如何待佛，佛便如何待你。日夜恭敬庄重对待佛祖，自然不会有所畏惧，睡在佛像臂弯，犹如幼儿沉睡母亲怀抱，正是已知禅味佛性，何必多说？”

其实这位住持所说的是一种境界，正如“七十而从心所欲不逾矩”的道理一般，套用到我们身上，就是在生活中只要我们发自肺腑的真诚对待他人，那么他人必定也会用同样的态度对待你，两个人之间不需要生硬艰涩的客套，彼此之间坦诚相对，恭敬相谈，达到一种和谐良性的互动，建立一种我待君以诚，君还我已恭的和谐友好氛围环境。

诚信与谦恭是人们日常交往的基本行为准则，同时也是道德修养的一项重要内容，不论在怎样的时期，在怎样的环境下，用诚恳和尊重的态度对待他人，永远比咄咄逼人或者畏畏缩缩让人更容易接受，也更能够接受。可以说从很小很小的时候，我们的父母就已经在教育我们，待人处事一定要讲文明，说话要懂礼貌，借东西、问路等行为都一定要彬彬有礼。包括我们最初的启蒙读本，教育我们彼此之间要互相尊重、礼貌待人的内容就占了绝大部分。那么人们为什么对礼仪如此看重呢？

其实答案就是因为你用什么样的态度对待别人，别人就会用怎样的态度对待你。当然，在我们的身边总是有一些因为我们的恭敬和礼貌反而越发骄横跋扈的人。他们似乎已经将我们的善意当做了理所当然，让我们气愤不过，不愿意用恭敬的态度来礼貌地对待这些人。

但是实际上，我们用一种庄重的、恭敬的态度来对待我们身边的人，更多的是在休养我们自己的内心和精神，这样的一种自我修养能够更好地帮助我们在更加广大的交际圈子中获得其他人的回应和尊重。

社会总是混乱而又复杂的，即便是我们从小受到的教育就已经在将我们一步步的引导向尊重和谐的氛围中去，但是也难免出现对现实感到失望的时候。而此时，我们更多地需要的不是看其他人的回应如何，而是看我们的内心，看我们恭敬地对待他人，让我们自己得到了多少。

所谓恭敬待人，其实就是建立在彼此尊重，互相平等的基础上的。但如果不是出自真心，而是处于身份差别上的恭敬，那么是不可能造就出相互的一种良性的尊重氛围的，取而代之的只能是畏惧与虚伪的敷衍。就如同那名在佛像上睡觉依然泰然自若的和尚，在他眼中已然将自己和佛陀放在一处，这种内心上的超脱和真诚正是其他僧人身上所不具备的，因为只有相互有所了解和平等，才会发自内心的尊重彼此。

尊重是相互的，理解是相互的，仇恨是相互的，伤害也是相互的。恭敬平等的态度也带有相互回馈的烙印。如果一个人总是将自己或者别人放在一种唯我独尊、高高在上的位置，任何事情都要自己迁就别人，或者由别人来迁就自己、服从自己，那么在这样的人身上绝对不可能会有礼貌、理解或者尊重存在，更不会有发自内心的恭敬态度存在。

所以，我们如果想让这个世界平等待我，那么我们首先就要恭敬待人，平等以对，当每一个人都在努力的磨练着自己，努力让自己去散发、让别人去感受平等尊重的氛围时，那么总有一天，我们一句恭敬谦和的话语，就会收获千千万万个相同的回应。

怒不移，业不传

有些时候，你受到了别人的误解，但是面对这些人、事，你却是选择了沉默以对。你自以为能够平静地面对你的愤怒，但是当你面对另外的一些人的时候，这种怒火却是总在不经意间散发出来，甚至比你当初直接发泄出来还要汹涌澎湃。

有这么一个故事，一位小沙弥去山中挑水，路过一片林子的时候不小心被脚下的草丛绊倒，惊扰了在一旁灌木丛中熟睡的蛇，而受到惊吓的蛇立刻跳起来在小沙弥的脚上狠狠地咬了一口，不等到小沙弥反应过来，这只蛇已经快速地从灌木中游走了，小沙弥吓得放声大哭。

不久之后，小沙弥的哭声引来了惠清法师和山中的其他师兄弟，惠清法师检查之后发现这是一条无毒的蛇，而小沙弥只是受到了一点皮外伤，并无大碍。在最先的恐惧消散后，小沙弥不再哭泣，转而把自己被咬的一腔怒火宣泄在地上那一丛枯枝上，挥舞着手中的扁担手舞足蹈地鞭打着草丛。

这时惠清法师脸色渐渐有些不好看，他喝止了小沙弥，“是这丛草咬了你的脚么?”

“不是。”

“那你为何如此愤怒地鞭打这丛草?”

“要不是这丛草绊倒我我也就不会吓到那条蛇，那条蛇又怎么会咬到我?”

法师又问，“那么是这丛草咬了你的脚么?”

小沙弥看着法师，“不是。但是是因为……”

“蛇咬了你的脚，你的怒火向着蛇，正是一因一果，而你向草丛发泄你源自蛇的怒火，不过是转移你因果业报，发泄在弱小无声的草丛上，佛心又当如何相处?”

没错，其实我们很多人都像故事中的小沙弥一样，当面对生命当中种种的困难挫折，当我们身处人生中的低谷的时候，我们总是会不自觉地想要把这些种种的苦难，重重的问题归咎在其他的人事物上面，这其中自然也包括了我们心中不断向外发泄的那些怒火、邪火等情绪。

而在这样的情况下，我们需要减轻怒火、控制情绪，当然如果在这样的情况下还强求我们表现出乐观的心态是不现实的。但是我们至少可以做到不把自身的怒火转移在其它的人事物上，避免我们伤害到更多的人。

我们在生活中最常遇到的问题莫过于和其他的人在意见上产生分歧，继而造成言语上的冲突，乃至于更加严重的问题。此时我们大多数人都会把错误归咎在其他人的身上，而在这样的情况下，如果我们在心中耿耿于怀，怒气冲天，那么不如回到家中去擦擦地板，做做家务来平复自己的心情，并且尽量减少和其他人的接触，否则只需要一点点小小的引子，我们都会把心中淤积的情绪数倍的发泄到其他人事物上。哪怕不会像小沙弥那样显形于色，多少也会影响到我们在待人处事时的态度，很容易给其他人留下不好的印象。

正如同快乐是可以感染其他人一样，我们的负面情绪同样可以做到这一点，而其中最容易影响到他人的莫过于愤怒。愤怒的传染和转移就如同瘟疫，在不知不觉之间便爆发起来，一个人愤怒很有可能会伤害到许多人。

而我们选择将情绪带到生活中的时候，为什么不先对自身进行反思，反思自己这样因为怒火而伤害无辜的人是否正确？如果我们想宣泄怒火，不如做一些体力活、选择一些无人的运动项目，而在发泄的过程中也正是我们冷静下来，进行自我反思的时候。在这样的过程中考虑自己的行为，反思他人的作法，给彼此一个和缓的空间，能够更好地解决问题，还能够在你的性格中增添出一抹名为冷静和谦逊的特质。

但假如你并不选择自己发泄，而是沉浸在愤怒的情绪当中，你的双眼就会看不到你的所作所为，脑海当中充斥着的全部都是别人在如何的伤害着你，此时你的愤怒就会把你打扮成一只浑身竖着尖刺的刺猬，不论是善意还是恶意，在靠近你的同时都会被你身上的尖刺刺伤，你的情绪会像风一样转移到其他人的身上，然后再塑造出数不清的刺猬，最后的结果就是出现一群浑身沾满了彼此鲜血，在愤怒中互相伤害的刺猬，毫无理智，毫无尊严。

越是生气，越不加拘束的发泄，你就会越发的难过，会招引越来越多的伤害，更不会有心思去做其他的事情，这样一来，你的学习，你的工作，你的生活，全部都会陷入到一种浑浑噩噩的状态中去。

你一心一意的在生气，你一心一意的钻在自己的世界中，你恨不得把自己身上的委屈和怒火全部的发泄在所有和你有关的一切人事物上。人们喜欢幸灾乐祸，厌恶不幸单单的笼罩在自己一个人的身上，哪怕在自己的身边有一个人遭受和自己一样的不幸，在心中都好像是有了莫大的安慰一样。而这正是潜藏在千万人心中的劣根性，也是造成负面情绪扩展的一项根本的原因。

佛陀发誓要度化众生，其实，佛陀要做的，正是化解开人们心中存在潜藏的种种劣根性，用平和去化解去消除埋藏在人们心中的种种灰暗。当我们能够束缚住心中的灰暗的时候，我们所能够看见的世界必然会比现在要清明许多，在日后我们再愤怒的时候，头脑中的第一个念头，自然也就不会是恶意的发泄和报复。

我们的双眼总是局限在有限的空间当中，在视线之外，我们总是或多或少的影响着他人，同时也或多或少的被他人所影响。一点点看似微不足道的情绪的宣泄，一种看似是无伤大雅的愤怒的转移，一种看似是毫不相关的事情的发生，都有可能像蝴蝶效应一样产生我们所不能够预知的危险和结果，因此我们要记住，凡事三思，怒火不移。

身披枷锁，平步入云

从我们呱呱坠地的那一刻起，束缚和困难就已经一重重的束缚在我们的身上，所谓生活，所谓人生，不外乎就是披着一层一层的束缚，在今天思考明天，在现在思考未来，我们时时刻刻都在思考着我们将来的道路，同时看着天空中的云朵，幻想着属于自己的美好未来。至于将来我们会面对什么，是凤凰飞翔在天空中，还是被社会、被人生赋予的重重束缚和压力所压垮，这一点，却是无从预知。

曾经有一名奇异的道士，他总是在自己的身上挂上沉甸甸的大锁，向人们表演平步青云的法术。说是法术，其实也不过是利用一些障眼法让自己能够跳得更高，好像是一步升天，并且在半空中得以悬浮的小把戏而已。这一天，这名道人又在集市当众向众人表演自己的法术，却被当地一名德高望重的禅师看到。在以往这名道人向众人表演的时候也不过是看众人喜好，适当赚取一些赏钱，聊以度日罢了，但这一次却是不知道为什么，神魂颠倒的开始向人们讲述自己升天之后的种种见闻，忽悠百姓对他供养，然后他就可以教人们这种法术，谋求大量的银钱。

禅师静静地听完他的讲述，转身从身边的铁匠铺子里面拿出一条货真价实的锁链，“当啷”一声扔在道人的身上，道人身上系着的、用来保持自身悬浮的绳索当即断开，跌落在地。禅师对周围的百姓说，“此子自身尚且没有办法度化，有何资格度化他人?”

说完，便化作一阵烟雾，登天而去，而周围吸入烟雾的人无一不感觉身体舒爽，身体不适者竟然也在瞬间感觉自己的病症好了大半。而那位道士依然跌坐在地上，抓着自己伪造的锁链，呆呆地望向天空。

虚假的、自己附加的枷锁固然是好挣脱，甚至通过伪装自己挣脱压力一飞冲天的假象也能让我们得到其他人的赞许和崇拜，但是实际上，真正压在我们心中，让我们不得解脱和自由的枷锁，又有多少人可以无视，或者毫不在乎的平和看待？

我们的生活就像是一杯平淡无奇的白开水，所有的困难都是看不见的，都隐藏在白开水这样纯洁透明的无形当中，可越是看不到，我们就越是觉得压力沉重，越是不能够放松我们的胸怀，而越是不去想，这种压迫的感觉就在我们的心中摆放得越深。这样的感觉，让我们如临大敌，喘不过气，因为这一切都来自于未知，来自于无形。这种压迫感或许是我们自己施加给自己的，或许是他人施加给我们的，面对这样的责任我们没有逃避的权利，但是我们却有能力去选择怎样面对。

选择了面对，就总会有成功和失败，失败的人选择了却步不前，选择了放任自流、放任压力的滋长，最后他们会让自己去适应，去习惯，就算是已经被压迫得身躯变形，也好像是感受不到一样。其实这并不是我们所追求的身心上的解脱，反而是已经被压力折磨改变却不自知，盲目的避讳结果一败涂地的典型的代表。

我们如何解决困难，如何打败挫折，如何一飞冲天，这些问题永远不可避免，但是只要我们坦然面对，不去畏惧它们，而是接受、承认他们，那么当我们一次次地因为这些问题而沮丧的时候，我们的心中才能够有所释怀，才能够正视这些问题，迈出挣脱枷锁的第一步。

困难其实并不可怕，可怕的是我们不能够用正确的态度去面对困难，在很多情况下使人倒下的往往不是困难和压力本身，而是我们在看待他们时候所产生的消极悲观的态度，正是这种态度让我们不战而败，正是这样缺乏战胜困难的勇气和信心的想法和举动，才让我们一次次败下阵来。没有坚强的意志，枷锁加身，何时才是摆脱之日呢？

事情总是有着不可预料的两面性，人们常听说这样的例子，一个没患癌的人，被搞错了，以为自己得了癌症，人马上就不行了，而真正患癌的人，以为自己没有患癌，反而表现很正常。一方面我们身上的枷锁和压力在带给我们困扰，让我们身心疲惫，但是换一个角度，这些枷锁其实也在不断地锻炼着我们。我们所需要的，就是尽我们自己的力量去抗争、去努力，所谓尽人事，听天命最终的结果怎样，只要我们问心无愧，那么还有什么好奢求与纠结的呢？

我们身边那些能够真正轻松地看淡身上的压力，看淡那些让我们望之生畏的重压的人，其实他们的生活往往分外简单，正是因为简单，所以才显得纯粹，纯粹得就好像是已经把这种困难和压力化作了自己的一部分。把这种感觉和压力当做了生活当中与吃饭喝水一样必不可少的一部分，他们随时随地地沉浸在自己选择的道路上，行走在自己选定的、并且愿意为之奉献的事情上，所以尽管他们和我们一样、甚至在身上有着更沉重的枷锁，但是他们却可以做到带着枷锁跳舞，漫步云端，而不会让枷锁影响到自己，损伤到自己。

困难和逆境是锻炼我们最好的途径，心灵的放松和身体上的调节是改善我们的重要手段，即便是我们的身上有着再多、再沉重的枷锁和压力，只要我们能放开心态，自然能够泰然处之，最终做到我心即佛心，我身即自在身的境界。

三尺宽天地阔

忍让和宽容往往是我们生活中最难做到的事，意气用事并不仅仅是年轻人的专利，古往今来多少人因为一时的意气之争，无心宽容，交恶身边人，甚至国家之间的意气之争也是屡见不鲜。战争、伤害，如此种种从未间断。但是彼此相争的最终结果又是怎样，除了彼此相伤，我们又曾得到过什么？

双头鸟，梵云耆婆耆婆迦，《翻译名义集》中译为生胜天王，云为生生，或命命。《杂宝藏经》云，雪山有鸟，名为共命，一身二头，识神各异，同共报命，故曰命命。

《佛本行集经》载其故事云：往昔雪山有二头鸟，一头名叫迦楼嗏，一头名叫优婆迦喽嗏。此二头轮流睡觉。一次迦楼嗏遇到被风吹来的摩头迦果树的花，它想到：我今独食此花，但花入腹中，二头都可除去饥渴，得到气力，故未告睡着的另一头而独食之。

睡头醒来觉腹中饱满，声音美妙，询知另一头，知道它独食了美食，于是心生疑恚，并自思以后得到饮食，必独食而不令迦楼嗏知道。

一日忽遇一毒花，优婆迦喽嗏即劝迦楼嗏睡觉，然后独食毒花，并愿二头俱死。

这个故事中的双头鸟就是一个互相伤害的典型例子，两头共用着同一个身体，却仅仅因为某一头口腹之欲而彼此生出了嫉妒，明明是不分彼此，却因此嫉妒丧命，不禁让人感叹？

或许我们在生活中并没有像双头鸟一样如此紧密的、一眼就可以看得到的亲密利害关系，所以我们往往就忽视了那些我们看不到的地方的种种联系。固然，我们不会因为别人吃了有毒的花就影响到我们的健康、影响到我们的生命，但是这个世界原本就是一个完美的、密不可分的整体，看似毫不相关却又紧紧联系，密不可分。一次简简单单的斗气，一次意气之争，或许我们什么都感觉不到，但是谁又能够看到，明日、未来，这些隐患将会造成多么久远的影响？

虽然埋下隐患的结果我们往往不得而知，但是我们却可以避免这种事情的发生。避免情感破裂隐患的良方就是宽容，一步之间，划分天堂地狱，一步之间，海天之别。

在现实生活中，我们在和他人一起工作、交往的时候应该学会宽容和谦让，因为多一些宽容和谦让、多一些协调和配合、甚至是多一些妥协和让步，能够让我们在彼此之间的感情余一线余地。而这一线的余地就是给了我们彼此相互宽容、理解的可能，更有益于我们进一步的成长和进步。有些时候，如果我们太过于彰显我们自己的个性其实并不是一件好事情，只有彼此都做到了谦让和包容，温和地对待我们身边的人和事，才能使我们身边偶然出现的小矛盾，不至于发展壮大成为我们无法控制的灾难。

宽容需要静心，只有我们的心静下来，才能够从复杂中找出问题症结的所在，只有看到了隐藏中的事物的本质，才能够与人和谐相处。我们生活在一个现实的社会，没有什么事情会是一帆风顺，更不会有人人皆是圣人佛陀的环境出现。所以我们能够做到的就只有尽量地减少不必要的摩擦和矛盾，就算真的遇到了不可避免的摩擦和矛盾，秉承着一颗宽容的心，用冷静的眼光去看待、解决问题，也会比莽撞的血气冲动，结果要好上许多。

一颗宽容的心往往需要的是不仅仅为自己思考，更多的是需要为其他的人去思考，去看待。换一种不同的角度，就会多一种解决问题的办法，就能够避免一些错误，减少一些猜疑和误会。

佛陀曾经将宽容比作是一味良药，说拥有宽容者可以摆脱烦恼，获得他人爱戴，保持身心的健康阳光。的确，人与人的相遇相知原本都是由缘分冥冥之中牵引而成，所以我们应该分外珍惜，面对周围的人事物的时候，我们都应该用一种感恩、宽容的态度，谦虚、谦逊的对待、相处，这样我们才能够在生活当中收获到真诚的友谊和感情。我们用宽容面对他人的冒犯，面对生活当中的矛盾和摩擦，并不是他人眼中的畏缩和惧怕，而是一种成熟的魅力，一种经受了生活的洗礼的经验态度。而这种态度犹如基石，能够一步一步引导你走向更高的地方。

当然，宽容也需要我们掌握技巧，需要我们去明白其中的规则。宽容并不是纵容，需要我们仔细拿捏这其中的分别。我们为自己的所作所为承担着责任，但是并不意味着我们就应该承担全部的责任。我们可以宽容的、有爱的帮助他人，可以宽恕别人无意的或者并无恶意的“有意”冒犯，这些都是无伤大雅的成熟之举，我们宽容了他们，却需要让他们懂得明白，不能够变本加厉。我们能够给予的仅仅是宽容，而不是会伤害到其他人的，纵容。

不懂得宽容的人，总是沉浸在斤斤计较的烦恼漩涡当中，人们往往只会看到他们心胸狭窄、处处设防的一面，好像他们永远对其他人怀有敌意，即使他们的心中也有着诚心帮助他人的想法，也希望能够和别人开开心心、毫无心机的交流，但是心态的不正确，不能够怀揣宽容之心看待世界、看待他人，一颗心就永远不会得到满足和圆满，更不会得到其他人的认同。

你我各退一步，不过让出窄窄的三尺不到的天地，但是就是这样的一条窄窄的天地，却可以让无数的人从中畅通无阻。仅仅是一小步，彼此之间却是海阔天空，留有余地，何处不为天堂。

进退有据，不卑不亢

一个没有自信的人不论做什么事情都不会成功，因为那一份从骨子中透露出来的畏缩和自卑注定不会得到其他人的尊重，而太过于盛气凌人的人也是如此，因为他的人生就是为自己树立一个个数不清的敌人。那么，什么态度才是我们做事的标准呢？答案正如本节标题——进退有据，不卑不亢。

日本一休禅师老年以后经常穿着破破烂烂的衣服，打扮得就好像是路上乞讨的乞丐走入贫民区，他借着这样的形象隐藏在民间，了解人民的疾苦，给那些贫民以精神上的抚慰。有一天，一名将军遇到了困难，于是派自己的幕僚去寺庙中请一休，正巧在大门前碰到穿着破破烂烂的一休，这名幕僚完全没有认出他来，反而是把他当做是普通的乞丐一样，让自己的手下恶狠狠地把他赶到了一边，自己则是趾高气扬地进入寺庙中找一休，但结果自然没有找到。

等到这名幕僚离开后，一休才趁众人不注意的时候走进了寺庙。第二天这名幕僚再次来请一休的时候，一休身上穿着华美无比，做工精致的僧服，一脸肃穆地坐在同样是鎏金绣银的精致坐垫上接见了他，俨然一副得道高僧的样子。

这名幕僚见到了一休后，赶忙恭敬地说明了来意，但是一休却是丝毫不提这名幕僚询问的事情，而是开口道："昨天我们已经在门前遇到过一次，为什么那时候你没有问我问题，而是把我赶到一边，现在隔了整整一天才来找我。"

听到一休的话，幕僚突然想起了昨天自己推开的"乞丐"，而他又怎么会想到昨天自己看到的那名乞丐就是大名鼎鼎的一休禅师？因此他赶忙解释道："昨天您穿得破破烂烂，我实在是看不出来那名乞丐就是您啊！"

一休微笑，"那为什么今天你就能够认出来我了呢？只是因为我穿着华美的衣服，坐在尊贵的位子上吗？"一休禅师站起身来，慢条斯理的开始脱下自己身上穿着的华美的衣服，"既然这样，你们所邀请的一休禅师并不是我，而是这身华美的衣服啊，现在我就把这身衣服送给你，你可以拿回去复命，有什么问题尽管问他，他一定知无不言，言无不尽。"

话刚说完，一休禅师转身就离开，再不见这名幕僚。

对于禅师来说，不论是什么人来找他寻求帮助，其实都是一样的，因为所有的人不论高低贵贱，贫富差距，在他看来都不过是天下间的苍生的一员，是毫无分别的需要用他的智慧，用佛的道理来度化迷津的可怜人。但是面对那些明明有能力去帮助更多的人，却仗着自己的能力反而去欺负那些可怜人的人，禅师是毫不忌讳好好教训一下这些人，让他们好好考量自己心中的分别心的。

但是禅师毕竟是禅师，他永远不会像市井街头的小混混一样直接就用暴力，用自己的拳头去讲道理，也不会用市井泼妇一样的言语去谩骂，他所能够使用的，就是用自己平实的言语讲述一个事实，用一种毫无分别的平常心，让那些人自惭形秽。而这种不卑不亢的态度和精神，正是佛陀慈悲的一种表现。

不论我们找什么样的人去帮忙办事，或者什么人来找寻我们做事，不管对方有着怎样的身世背景，资历深浅，我们都应该保持着一种不卑不亢，热情谦让的态度平等面对，这样既不会造成他人对我们产生什么不好的联想，也可以树立出良好的形象，对我们日后的发展有着巨大的好处。

而不卑不亢的基础就是礼貌，礼貌是体现一个人修养的很重要的依据，不论我们选择用怎样态度对待他人，不论我们面对的是谁，选择用彬彬有礼的态度待人接物总是会受到欢迎的，即便是我们已经到了心中愤怒的边缘，用礼貌的言语，进退有据的应对来反驳，来表现你我心中的情绪才是最佳的手段。运用这种态度，即便是被你批评的人也会在心中感受到你为他保留面子的好意，进而更多的是反思他自己的错误。而且即便是事后证明错误在你，你得体的应对想必也会赢得他更多的好感。除此之外，我们还要遵循少说多做的原则，毕竟言多必失，即便是礼貌用语，说多了也会招人厌烦，再多的言语有时候还不如简简单单的一个动作来得更加有力度，总之只要保持我们的态度，就算是一次成功的交流。

我们应该做到，不管别人用怎样的态度对待你，你都不会因为羡慕对方的权势地位而从心中生出讨好的心思，也不会因为对方的寒酸破落而生出嫌弃、厌恶的感情。虽然亲近美好、高贵是我们每一个人内心的潜在欲望，但是这却是和我们的喜好所爱无关，有关的是我们的态度，是否流于恶俗，是否生出了差别心，才是我们应该在意的。

而所谓的不卑不亢，就是在面对高你一头的人的时候，不刻意的把自己的地位放低，在面对比你地位要低的人的时候，又不会让自己俯视他人，永远持有一种平等、热情的态度。这是一种公平的态度，也是一种磨砺自己，严格要求自己的态度，他可以增进我们的个人魅力，避免一些不必要的麻烦。

但是，想要做到这一点并不容易，毕竟这些等级的划分、心理的落差，都是我们在生活中必然会遇到的情况，而这些落差和等级也会或多或少的对我们产生影响。想要摆脱这种落差，我们唯一能做的只有加强我们内心的修养，加强我们内在的力量。

我们处在一个大社会、大环境当中，用不卑不亢的态度与人沟通和交流能够帮助我们更好地完成自身的定位，拿捏我们做人处事的准则和态度，而且不仅仅要懂得前进，还要懂得让步，只有经受过这样的磨砺，我们才能更好地磨练出一身不卑不亢的自尊和傲骨。

简单的力量

人生复杂，这世界上不仅仅充溢着尘土，更充斥着一个深深的泥潭，只要你身在其中便无法自拔，不论你绞尽脑汁用什么样的办法想让自己摆脱这可怕的陷阱，但最后都只会造成你自己越陷越深，心力交瘁，沉沦在其中而已。因此，当我们深陷泥潭之中，需要的或许不是自己用尽全力的舞动，而是一股简单力量的帮助。

宋朝的俱胝和尚在参悟佛理的时候经常遇到各种瓶颈问题不得醒悟，他旁征博引、引经据典，但这些对于他所遇到的问题却没有一点点的明悟，反倒是经常造成他思绪的混乱，甚至一度让他对自己原本深信不疑的一些理论和看法都感觉到了怀疑。于是他只好去找天龙和尚询问自己与道德佛教教义。但是见到天龙和尚以后时，天龙却是仅仅伸出一根手指，竖着一根指放在她的眼前。看着这只竖起的手指，俱胝和尚猛然感觉到自己头脑中一阵清明，立即大悟。从此以后，但凡有什么人向俱胝和尚请教问题的时候，他也仅仅是伸出一根手指向着来者，用这样的方法点化了数不清的迷途苍生。

在他临死时，他对着身边的人说，“吾得天龙一指头禅，一生用不尽。”

在很多的时候，简单往往代表着更加直接和更强大的力量。看似是一团乱麻，看似是千头万绪，看似是毫无解决办法，但是如果我们能够抛开困扰在我们身边的种种成见，换一种眼光来看待问题，那么这些之前看起来混乱而且不容易处理的问题或许只需要一点单纯直接的方法，就可以破开种种的混乱，顺利地解决问题。

简单有时候看似粗暴，但是却并非如此，在我们的这个世界中往往最简单的东西却蕴藏着最为强大的力量。简单并不是意味着单一，单一的东西或许会有失公正，有着剑走偏锋的危险和趋势，但是简单并非如此，简单是将世间所有的繁复尽化作唯一，用最直接的力量去破除谜团。

简单是一种大道化简的朴素，是洗尽铅华之后万法归一、返璞归真一样的天然和纯正。最简单的例子其实就是那些环绕在我们的身边，从小就要学习的种种公式，这些公式无一不是简单的代表，也是简单的力量的一个标志性的存在。小到我们身边的一个杯子的制造，大到航天器材的飞行和发射，甚至是周天星辰的运转，在这些看似无比繁杂，甚至是高深莫测的领域当中是无一不在应用着这些最为简单的东西。最简单的加减法甚至连小学生都可以和你说上一大篇，但是如何运用这种简单的力量去解决那些复杂的问题，需要的却是我们的经验和知识。换种说法，就是我们现在所需要的其实并不是什么力量，而是运用这种简单力量的能力。

俱胝和尚向天龙和尚求禅，仅仅得到一指头，但是在这一指头当中他领悟到了许许多多，甚至以此去启发他人。一根指头当中能够代表多少？在我们看来，这或许就是简简单单的一，往深处思考，或许还会有唯一、归一、根本、专注等的意义在其中，此时一就已经不再是简单，而是又从简单当中演绎出来繁复。从这个意义上来说，简单当中孕育着繁复，极致的繁复到最后都会化成是最简单、最纯粹的一种表现形式，从这种形式当中，我们又可以体会到属于复杂的气息和内涵，所谓双面一体，正是如此。

虽然简单的力量十分强大，但是如果我们不懂得正确的应用方法，不知道区分单一和简单，不知道简单当中所蕴含的纯朴自然，而是只把简单当成粗暴的另一个代名词，那么对于这样的人，他们的简单力量可以称之为“疯狂”。他们所谓的简单的方法无一不是趋近于暴力的手段和粗暴的行事方法，而这样的行为所带来的破坏力同样是惊人，乃至于佛陀都曾经发出过“不疯魔，不成佛”的叹息。

所谓魔，就是行事毫无顾忌，简单粗暴的化身。虽然因为疯狂和狂暴而沦落为魔，但是就是这样的性子却是最恐怖的，因为他们不论做什么事情也是选择最简单有效、方便快捷的方法，从不去因循守旧，更加不会像我们一样用思考和分辨去看待眼前的事情。正是因为简单，也正是因为纯粹，所以魔才能爆发出让人匪夷所思、心生恐怖的力量。但是他们却是将简单的力量用在了错误的地方，而我们需要注意的，就是在明白简单的力量之余，学会去控制这种力量，不至于沦落与迷失在简单的力量中，因为有时成魔或成佛，往往在一念之间。

利用简单投机取巧博得利益，造成后患，这便是魔。利用简单巧妙解决问题，造福你我，这便是佛。我们处在一个瞬息万变的环境当中，我们身边的种种变化让我们目不暇接，甚至无法在第一时间辨别出我们到底面对着什么，我们又该用怎样的方法和态度去对待、解决我们所面对的问题。这种时候，我们就应该放下心中涌起的千头万绪，利用简单的力量，快刀斩乱麻，只要不违背本心，不伤害他人，那么我们就可以放手一搏，博得清明了。

直面现实，超脱桎梏

在这个世界上或许会有轮回和来世的存在，但是像命运这样东西的却是永远不会存在的。所谓命运，不过是怯懦者为自己所找到的一个借口，他会将生活中所有的困难和失败归咎于命运，他会把自己不能够像别人一样成功、不能过上理想生活的所有原因都归结于时运不济。而这些依赖于命运，不敢面对现实的人，是永远无法打破生命赋予给我们每一个人的枷锁的。

禅宗法师苦松和尚经常独自一人去山中生活，即便已经到了花甲年龄，却依然每日担水干活，从来不曾麻烦自己的弟子为自己服务。有一次，山中爆发了山火，将苦松和尚居住的山中小屋彻底烧毁，但是苦松和尚却并没有把这件事情说出来，而是一个人悄悄地在山中重建自己的小屋。等到他的弟子进山探望他的时候，他的屋子已经建造好了一半还要多。

这一次，他的弟子终于忍耐不住，认为这是命运使然，是佛祖不再让苦松在山间居住，于是集体要求他去山中奉养禅师，或者干脆禅师就不要再去山中一个人独居。苦松和尚听到这几个人的话，一声不吭，直接从建造到一半的小屋中抽出来一根木棒，狠狠打在说话的小沙弥的身上，然后把这根木头搭在一个架子上，然后冷冷地看着自己的弟子。

几名弟子不明所以，呆呆地看着这根搭在木架子上的木头，完全想不出来禅师这么做有什么意义。等了一会，苦松和尚见自己的弟子一动不动，这才起身又拿来几根木头放在原本的架子上，最先挨打的那名小沙弥这才看出来，原来这个架子，是禅师搭建出来的十分精巧的一个雨棚，不仅能够更好的稳固和支撑房屋，还能节省出很大的一部分空间。

苦松和尚转过身，开口道，“我佛将面对的终归我佛。”众弟子双手合十，不再言语。

苦松和尚这句话的意思其实就是，该面对终归要面对，即使一把火烧光了他的小屋，但是他却可以搭建出一个更好的小屋，而不是认为这是命运使然，打破自己长久以来的坚持，反而让自己的弟子来服侍自己，这是他所不能忍受的。

同理，就如同困境是我们每一个人都会遇到的一样，不同的选择也会造就我们之间不同的人生际遇，甚至是决定了我们今后行进的一条路途。所谓的命中注定不过是我们给自己找到的一个万能的借口，同时也是我们身上的一条最沉重无形的枷锁。但是其实命运不过是我们在作出了种种的选择之后所留下的一点痕迹，命运并不能够左右我们的前路，而我们却能够左右命运的流向。

在我们所面对的困难当中，人际关系无疑就是我们最常见的、也是最难处理的一种，但是好的人际关系和不好的人际关系，其实并不简简单单的就是完全由我们的性格所决定，而是我们敢不敢去面对，敢不敢去挣脱，敢不敢去挑战决定的。这是一种隔膜与打破隔膜之间的交战。

如果选择抛开我们每一个人心中的羞涩，去打开人与人之间的隔膜，那么我们就可以顺利地打开我们的人际关系，顺利地找到一条属于我们的关系网络。但是如果你退缩了，你不敢去尝试着挣脱，认为与一个人无法交往是命运的促使，是缘分未到，那么很不幸，你必然会成为无数在角落中哭泣着命运的不公平者中的一员。

史铁生曾经说，“人类的存在状况决定了人类会陷入人际困境，存在的个体都是独立的‘自我’，每一个个体都有独一无二的精神个性，人与人之间的了解和沟通往往是相对的、或然的，而隔膜和隔绝是绝对的、必然的。”

尽管这种论调曾经一度被人们所认同，甚至心有戚戚，但是这却是一种病态的看法，是我们每一个人都必须要直面的、不能够逃避的问题。当我们认定了某件事情是绝对的时候，我们就不会再在心中对他抱有挑战、抱有质疑，甚至我们自己的生活都会因为这件事情而有所改变和损害的时候也不会反抗，这种因为“命运”等外界因素影响形成意识就会在潜意识当中影响我们的判断，在我们原本就已经重重包裹的枷锁上再增添一条我们自己加上去的锁链。想要挣脱这道枷锁，只能打破对命运的恐惧，勇于直面自己的人生。

如果我们不能够面对生活，那么你将会把所有的失败都归结为命运使然，如果不能面对现实，你将会丧失所有的欲望与动力，沉浸在自己的幻想之中。而只有具备了直面生活的勇气，同时又敢于正视自己的困难，我们才会走到终点，才拥有掌控命运的能力！

第九章　运筹帷幄，决胜千里

若行者发愿承办菩提利生事业，除认真精进外，还要有大雄心、大愿心、大悲心、大方便心和大无畏精神方可圆满。所谓“精进”：未生善德、善道之心务令生起；已生善德、善道之人宁死不退；未生恶心、恶念务令不生；已生恶心、恶念务令速断，便可“出阴界狱”，即出离五阴的苦聚，欲界、色界、无色界等三界的火宅和牢狱，佛告诉我们：凡夫因懈怠堕落入生死轮回苦海；菩萨应精进不怠，能破烦恼恶、摧伏四魔，出阴界狱而到达解脱的彼岸。

生命的规划

古语云：“人生百年，七十者稀。”几十年的光阴，往往如白驹过隙，匆匆而逝。当我们年老的时候，回首往事，有的人庸庸碌碌，无所作为；有的人轰轰烈烈，留名青史；有的人一生从所好，问心无愧。有的人同身不由己，郁郁而终。同样是一生，有的人精彩，有的人平庸。

可是，怎样才能让自己的生活有滋有色，丰富多彩呢？那就需要我们给自己的人生订一个清晰的规划。

人生的规划很重要吗？试想一下，如果我们对人生没有规划，那么只能是走一步，看一步。没有目标，缺少方向，不知道自己该在什么时候努力，不知道该如何努力。面对人生里的种种选择，我们只能一脸茫然，随波逐流。而一个连自己想要什么都不知道的人，又如何知道什么是成功，什么失败，又怎能品尝到成功时的喜悦，失败时的遗憾呢？而对于一个没有喜悦，也没有遗憾的人生，我们只能用“平庸”二字来总结。

那么，既然规划自己的人生如此重要，我们又该如何做出规划呢？让我们先来看一个小故事。

有一个年轻人带着自己的迷茫上山找禅师寻求答案。他双手合十，恭敬地问禅师：我该如何规划我的人生？禅师笑了笑，说道：“这山下有一种花，每日一开，很是漂亮。施主不如明日随我去赏花。”在赏花的过程中，或许我能为你解答这个问题。年轻人答应了。

第二天，清晨禅师就拉着年轻人下山，看到人多的地方就立刻凑过去，或是当人们都朝一个方向走的时候，禅师就拉着年轻人跟上去。就这样整整走了一天，结果一无所获。年轻人不仅没看到禅师所说的花，甚至到最后，都不知道自己为什么四处奔走。于是禅师把年轻人带了回去，又约他明日赏花。

第三天，禅师继续找年轻人同行，这次在出发之前，禅师说这种花是向阳的，所以背对太阳走就可以，就这样走了整整一天，终于找到了那种花。可年轻人还没看清花的样子，禅师就拉着他走向另一边，并高声说，那里的花比这里的花更好看，就这样，在禅师的拉扯中，年青人又是什么没看到。

第四天，禅师又叫起了年轻人，这次，禅师先是把见过这种花的人问了个遍，又自己站在高处看了很久来选定方向，到了中午，他们终于出发了。禅师开始有目的带着年轻人朝着一个地方走。可是到了那里，花朵已经枯萎了。两人败兴而归。

第五天，禅师又来约年轻人，这次，禅师只是远远望着某个地方，隐隐能看到几个花骨朵儿。禅师点点头，带头开始往那里走。年轻人觉得现在出发太早了，却依旧跟了上去，当他们到了那里，一朵娇艳美丽的花刚好绽放。而那朵花是周围最大最美的一朵。

第六天，禅师却叫年轻人下山去。年轻人很焦急地说：“我的问题，您还没回答呢？”禅师微微一笑：“我回答过了，就在这五天。”

是啊，禅师用实际行动回答了那位年轻人，也让他亲身体验了该如何规划人生。

第一天出游，禅师盲目跟随大众，甚至都不问问彼此的目的地是否一样，就毫无目的地走着，结果到最后一无所获。事实上，世上确实有这种人，他们羡慕别人的人生，所以就干脆照搬他人的规划。他们向往着那些并不适合他们的人生，而他们的目的也并不是由心而发，只是单纯的模仿别人。这样的人，通常不会成功，因为他们的选择并不属于自己，所以也不会有奋斗的激情。曾有这样一句话：如果迈克尔·乔丹的父亲逼他唱歌，迈克尔·杰克逊的父亲让他打篮球，那么这个世界上就会少两个伟大的人。没错，人们只有找到自己的目的地，规划出真正属于自己的人生，才能找到真正属于自己的花朵。

第二天出游，禅师按照自己的经验，找到了花朵。可禅师不满意，不停地对比，不停地寻找更完美的花朵，最终依然什么没看到。现实也是如此，完美，其实根本不存在于这个世界，我们为成功所付出的，失去的，就决定了未来的不完美。人生可以不后悔，却不可能没有遗憾，如果过于追求完美，那么我们最后只能无力发现，原来完美只是一场虚空。所以，我们不要把自己的人生规划得太完美，否则要么不能完成，要么是一场空谈。

人生的规划最忌比较，梦想，挫折，规划都是你自己的，何必羡慕他人。俗话说：人比人，气死人。轻易地被他人左右，就只能当别人的复制品，没人会承认你的存在，如果我们在人世走了一遭，却只是别人的复制品，岂不委屈？

第三天出游。他们把一切都打探清楚，最终却因为出发时间推迟而错过了花期。这就像有些人在做某件事时会把一切都规划好，甚至连细节都想得清清楚楚。可是在规划好后却什么都不做，或者推迟去做。这样一来最终结果不是被人捷足先登，就是自己想要的已经没了，或许他们制定的计划具有很强的可实施性，但是如果不去做，就只能纸上谈兵。

第四天出游。他们看到了鲜花，达到了他们的目的。但为什么这次会如此顺利？就是因为他们没有像以前那样盲目搜寻，而是先进行规划：探查鲜花的位置、计算鲜花开放的时间，当一切都计算好后，他们立刻起身，没有等待，没有拖延。所以最终才能看到美丽的花朵。

通过这个故事，我们可以得出一个结论，那就是只有有规划并且立刻执行的人生才是一个完整的人生。永远不要迷失自己的方向，永远不要吝啬踏出脚步，从现在开始，请为我们的未来打下基础，合理地规划人生。

日进一步

在现实生活中，人们总是有大大小小很多目标。可是对待目标的态度却各不相同。有人是空想家，幻想得很好，但却驻足不前，永远观望欣赏自己的“未来”，从来不想，也不去获得它。有的人倒是努力去做了，但他心浮气躁，静不下心，总想着能一蹴而就，一下子就可以达成自己的目的，所以像个斗牛一般横冲直撞，最后却遍体鳞伤。而真正的聪明人，他们既不安于现状，空想未来；也不会盲无目的的做无用功。他们会确定目标的方向，然后日进一步，走向成功。

日进一步，并不是每日只需走一步，也不是每日只能走一步。而是根据自己的实际情况，做出合理的规划，循序渐进。既不冒进，也不缓行。最重要的是保持稳定的状态，坚持不懈，就能有达到你的目标的那一天，就指日可待了。古时候有两个僧人就论证了这一点。

从前，某个寺里有两个僧人起了争执，因为他们两个修行时间相当，所以经常被人互相比较。一天，其中一个偏瘦的僧人向另一个僧人挑衅：“寺里的僧人都说你修为比我好，我偏不信，不如你今天和我比一比。”另一个僧人笑了笑：“好，我就应了你。”偏瘦的僧人也笑了：“好，比什么，明天告诉你。”

第二天，两个僧人聚在大雄宝殿。“比什么？”应战的僧人先问道，偏瘦的僧人说道：“比磕头。”

“磕头？”

偏瘦的僧人笑了：“你我同时向佛祖磕1000个头，先磕完的人赢。”另一个僧人点点头。说完两个人跪在佛祖面前，一个一个磕起头来。

虽然两个人同时磕头，但磕头的方法差别却非常大。偏瘦的僧人开始磕的非常快，遥遥领先。但慢慢地，随着时间的推移，偏瘦的僧人感觉有些吃不消，甚至感觉头晕目眩于是便休息起来，而这一次休息却使他更加疲劳，越休息，他就越觉得疲劳。又过去了一段时间，他发现自己简直一个头也不想磕了，此刻的他已经完全没有精力了。

而另一个僧人却不像他一般上来就忙不迭地磕头，而是有规律的，缓慢地磕着头。永远一丝不苟，满脸恭敬，即使开始落后对方很多，他也不急不躁，对周围置若罔闻。到后来，对方几乎放弃了，而他依旧照着自己的节奏磕着头，完全不在乎对手的情况。

结果呢？自然是那个不疾不躁磕头的僧人赢了，因为那个偏瘦僧人直接选择了放弃。

事实上，很多人就像那个偏瘦的僧人一样，对待事情，对待自己的目标，大都持有三分钟热度，刚开始一片热情，后来渐渐的就冷淡了，到最后，就没有一点兴趣，干脆放弃。他们经不起打击，也静不下心去等待，他们很容易怀疑自己，总是轻易放弃。他们不是没有恒心，也不是没有毅力，但是却没有找对方法。试想一下，当自己用尽全力，得到的回报却微不足道，那么人们自然会缺乏斗志，无法在坚持下去。而他们真正需要的是放缓自己的步调，稳定自己的节奏，因为只有这样才能有更多的精力奋斗。

马拉松比赛大家都看过。有哪个马拉松选手在一开始就用尽全部的力量冲刺？他们都是一步一步踏实地前进，因为只有这样才能合理分配体力，坚持到终点。

日进一步，贵在每日，难在每日。要想每天进步一点点，最重要的就是耐得住寂寞，哪怕收获不大，也不会心浮气躁；哪怕目标遥远，也不会志移心摇。而是具有持之以恒的韧劲。即使面对挫折，也从不垂头丧气；即便遇到障碍，也没有畏惧退缩。遭遇冷嘲热讽，仍不会犹豫不决；深陷酒绿灯红，却依旧心无旁骛；只有这样，才能有专心致志的定力，才能达到日进一步的境界。

“千里之行，始于足下。”令人艳羡的成功都是小事的不停积累。积腋成裘，聚沙成塔是千古不变的道理。日进一步看起来微不足道，然而却是天天都有目标，时时都可努力，人人皆可为之。人与人之间的差别，或许在最初时显现不出来。但是随着时间推移，日积月累，总会形成天壤之别，其中起决定性因素的就是平时每日进步累计的多与少。

我们计算一下，假如我们每天学习一个小时，一周七个小时，一年就能累计三百六十五个小时，只消几年，就可以完成大学本科课程。再举个例子：假如每天用五分钟改变自己的工作方式，学习相关知识，几年后或许我们会达到一种难以想象的成功。业精于勤荒于嬉，只要每日进步一点点。又何必在乎目标在哪里，反正目标不会动，你就会不停地靠近。

一粒谷子会变成谷仓吗？当然不会，那再加一粒呢？不会。再加一粒呢……不停加，不停加，总有一粒会让你承认他是谷仓。一丝稻草会压倒骆驼吗？不会，再加呢？不会，再放……总有一根稻草会压倒骆驼。积少成多的道理谁不懂，可是能做到的又有几个呢？

让我们坚定地迈出脚步，从不停歇。平静地面对一切，心无旁骛。若能日进一步，成功咫尺之遥。

精益求精是大道

世界上有完美吗？答案是没有。但你自认为做好万全准备时，你就能保证事情一定会成功吗？不能，因为谁也无法保证下一刻会发生什么。就像那句著名的广告语：一切皆有可能。其实任何事情都会有漏洞和缺陷，哪怕再有把握的事情，没有到最后一刻，我们也决不能放松。

正是由于变数会随时出现，世界上才出现了“精益求精”这个词。精益求精或许并不能帮助我们达到绝对成功，但是可以帮助我们提高成功的几率，降低失误的几率，帮我们远离那些边路，岔路，绝路，从而让我们更接近自己的目标。

仅仅只是提高成功几率，有必要精益求精吗？答案是肯定的，要知道，我们努力去做虽然不一定成功，但如果不去做就一定不会成功。无论对禅修的研究，对世事的看法，对世人的理解，对祸福的参悟，对生死的释然，都需要精益求精。

从前位年轻人到寺庙中请求落发为僧，寻求佛理。住持看了他一眼，并没有为他立刻剃度，而是对他说：“施主不必着急剃度，您可以先带发修行，在这里修行一个月，到时再看施主去留。”年轻人觉得这个要求轻松，也就爽快地答应了。

接下来一个月，他除了念经诵佛，就是在寺内打扫院子，可是念经诵佛，打扫寺院在他眼里都无足轻重，他觉得自己根本不需要这种东西。所以念佛诵经时哼哼唧唧，声音含糊不清。打扫寺院时随意挥舞扫把，把大一点的杂物扫一扫其余也就扔在一边不再清理，十分敷衍。

过了一个月，年轻人敲开住持的门，语气不愤地问道：“大师，我本次来寺里，是希望能够学习佛家哲理，可我在此已经一个月了，您不曾教我一点道理，只是每天叫我念经，打扫。这些事我都做完了，也都做得不错，您现在可以为我剃度，让我落发为僧，教我佛法了吧。”

住持笑了笑，缓缓地说道：“施主何必动怒？先喝杯茶休息一下吧。”住持拿起面前的茶壶为年轻人倒了一杯茶。他一饮而尽，杯子也被他随手放到了桌子的边缘。住持看了一眼杯子：“施主，您把杯子放在桌子边缘，就不怕它掉下来吗？”那人脸一红，将杯子往回推了推。

住持又说道：“施主让您做的都做好了，那我想问问，每天你念诵的那本佛经是什么内容，您能给我复述一遍吗？”年轻人支吾半天，终于放弃，有点窘迫地低下头。

住持顿了顿，喝了杯茶。接着说道：“我让施主打扫寺院，施主又做得如何？”这时年轻人仰起头，看向住持：“我扫得很干净”。

“是吗？”住持摇摇头，“施主您只是把看得见的东西扫走了，那些看不见的呢？譬如那些灰尘、蛛网、细散落叶，您都清扫了吗？您如此做事，可见心浮气躁，研习不精，遇事不专。你又怎能学习佛法呢？”年轻人面露愧色，下山去了。

这个故事值得我们深思，在生活中，很多人在做事时都是以“合格”为标准，他们从来没想到自己或许可以做得更好，准备得更充分，做得更称心如意。这种人完成的任务或许可以糊弄过去，却永远不会是最好的，因为那只是任务的最低验收标准。问一答十，举一反三，这些情况永远不会发生在他们身上，他们不想做，也做不出来，无论是学习，工作，生活，都不过是浅尝辄止，更不会做过多努力，在他们眼里，知其然就好，又何必知其所以然呢？

精益求精不是单指工作，也指学习。庄子有言：“吾生也有涯，而知也无涯。以有涯随无涯，殆已。”天下的知识太多了，我们与其对所有知识都一知半解，博而不精。倒不如专心研习一门学问，精益求精。

当然，我们的生活也需要精益求精。很多上班族觉得每个月工资能够维持温饱就行，这样的生活让他们觉得很满足，但这样一辈子平平庸庸，每日忙碌工作，渐渐终老，到最后却发现自己没什么值得回忆，这是我们追求的生活吗？所以，即便我们的工作可以满足温饱，我们也该有更好的追求。仿若拿破仑所说的：“不想当将军的士兵，不是好士兵。”我们只有不停往前走，才会觉得人生有意义。如果在人生路上停滞不前，那么最后就只能在迟暮之时，抚膺长叹了。

所以，无论工作学习还是生活，我们都不可以敷衍了事，得过且过，要永远秉持着一颗认真的心，精益求精。

破除迷障，直面前行

世界上最可怕的敌人是谁？是自己终生无法逾越的对手？还是隐藏在阴影中的小人？不是，这些都不是，其实人生最可怕的敌人就是自己。因为其他敌人我们终归可以看在眼里，而自己却看不到自己。

很多时候，我们都会陷入“一叶障目，不见泰山”的困境，自己迷惑自己，哪怕只是一瞬间的犹豫，怀疑，都可能让自己陷入不可自拔的困惑与忧虑。而之所会产生这种情况，其实原因很简单：那就是自己和自己太熟悉了。你还记得你是什么时候长大的吗？什么时候变得成熟的吗？你不知道，因为在你眼里，你永远是自己，觉得现在的自己和昨天的自己是一样的，和半年前，甚至是十年前的自己都是一样的。在你眼中，自己从未变过。而在你走过的这些岁月，在人生的道路上，每当你前行一步，除了得到成长，也会遭遇一些迷障。

每个人都有过去，有开心也有难过。有些经历会让你无时无刻不想去炫耀。而有些经历却让你希望一辈子都不要有人去触及，而这些，就是我们的迷障。

虽然人人都会遇到迷障，但对待方法却有所不同，有的人选择忘记迷障，开始新的生活；有些人尝试着去战胜迷障，克服自己的心魔；而那些忘记迷障的人，生活得以继续；那些战胜迷障的人，他们的心灵则会变得更强大，获得更大的能量。

但是，终归有些人无法忘记自己的迷障，只能深藏心底，甚至藏都藏不住，一到夜深人静，就黯然神伤，还在表面上装得早已忘记，指望时间可以一点一点地冲刷掉这些情绪。这些人其实就是彻底被迷障阻碍了道路，生活一直都停滞不前，不能自拔。

那么，当我们被迷障所困扰时，该如何做呢？答案很简单，那就是要破除迷障，直面前行！

曾有个年轻人问道于禅师："大师，我有很多事忘不了，很多事放不下。有些事给我留下许多阴影，我想要忘记它们，所以一直去做别的事来转移我的注意力，我这么做对吗？"

禅师并没有回答他的问题，而是反问他："施主，我也有个疑问，请您先帮我解答一下。我每日要去寺院后面采药，但在路上有一个大坑，我难以跨越，我该怎么通过呢？"

年轻人说道："绕过去不就好了。"

禅师回答："难道我绕过去，坑就不存在了吗？而且我每天都需要采药，难道每天都要绕路吗？那岂不是要耗费很多时间？"年轻人："这……"

禅师笑了："所以在遇到这个大坑后，我并没有绕道，而是努力将这个大坑填平。当填平之后，我以后走的就是一条坦途了。其实人生亦是如此，遇见事情不要逃避，尤其对待自己的心。把所有负面情绪隐藏起来，并不会使他们消失，反而会使他们凝结成更大的黑暗，也更加让你难以逾越。"

年轻人又问："那怎么能够忘记他们呢？"禅师回答："最好面对，然后解决，也可以等待。"

"解决，怎么解决？"

"河流必有源头，或起于山泉，或始于湖泊。河流也终有去向，或终于丘泽，或汇入汪洋。有因则有果，有始即有终。剖析出一件事情的起因与结果，这件事也就变得清晰了然了，方法只怕也随之浮现。"

"那等待呢？等什么呢？"禅师顿了顿，指着一个茶壶："施主可否将那个茶壶拿到这里来？"

年轻人点头称是。猛然提起茶壶，却因茶壶太烫，又放了下来。禅师问道："为什么你拿不住。"年轻人回答："太烫了。"禅师点点头："是的，疼，也就放下了。"年轻人顿悟，下山去了。

"当局者迷，旁观者清。"这话是很有道理的。当遇到迷障的困扰时，我们很难看清自己的现状，因为我们本身参与了某件事才造成迷障的出现，所以行为做事就会带有一定的主观色彩，有时我们觉得理所当然，其实在别人眼里却是无法理解。

苏轼有一句诗："不识庐山真面目，只缘身在此山中。"我们看不破，参不透，悟不出。只是因为我们置身于此，所以在遇到迷障时有开心、难过、愤怒等情绪，这些情绪会影响我们对事物的看法，让我们无法认清事实，无法认清自己。在那一刻，所有的决定，语言，甚至行动都不是出自本心，所以经常会做一些让自己后悔的事情。但是，过去的终归要过去，我们只有放平心态，忘记过去，才能重新开始，迎接未来。

过去是一个很恐怖的东西，因为它既可以成为你的动力，也可以阻碍你的脚步。他可以让你加速奔跑，也可以让你寸步难行。当我们用一颗平和的心去看待过去，超越过去。不管你曾经是蓝天白云，还是乌云蔽日。你都会获得一片绚丽的天空。

过去是迷障，自己是迷障，困难也是迷障。我们要做的不是躲避他们，也不是将他们深埋心底，不再过问，更不可以时不时拿来刺激心灵。而是面对他们，解决他们，转换为我们的动力，然后迈步向前。

学无止境

学无止境，这是一句众所周知的名言。天下的知识错综复杂，种类繁多。仅仅拿中国小学的科目来说，就有：语文、数学、外语三门课程，到了初中又增添了物理、化学、生物理科三科、历史、地理、政治文科三科。也就是说仅我们所主要学习过的就有九门课程，其中还有体育、美术、音乐、计算机等相比之下较为轻松的课程。而这还只是我们在校园里所涉及的东西。而到了社会中，我们还要学习工作相关的专业知识。人们说："三百六十行行出状元。"可实际情况又岂止是三百六十行，三千六百行都不为多，而这些行业可供学习的东西更是浩瀚如烟，所以我们说学无止境这句话可以称得上是至理名言。

我们之前从广度方面大致陈述了一下学无止境的重要性，那么从深度来说呢？从36亿多年前蛋白质的出现到科学文明高度发达的今天。在这期间，无论任何领域都有极高的学习研究价值。物种不断地进化，文化不断地繁荣，科学技术也在不断地更新。纵使我们只研究一点，不终我们一生没法研究得尽的。

广度，深度，相互关联，这就决定了知识的海洋是无边无尽的，我们目前所学习掌握的只是其中一片小小的，微不足道的领域。那片领域甚至都称不上海域。假如有人说："我什么都知道！"那简直就是个笑话。

曾有个人读过很多书，周围的人都称他博学多才，最初，他还谦虚一番。但是随着夸赞他的人越来越多，渐渐地他竟然也自负地以为这是真的，因此变得不可一世，甚至夸下海口：“说世间没人能考得住我！我是天下最博学的人。”终于，有人看不下去他的嚣张，于是就对他说：“你那点知识算什么，此处向东有一座寺庙，庙里的住持才叫博学多才，他一定比你强。”那个人听后十分不服，于是收拾行李找住持比赛。

经过一天一夜的行走，他终于赶到寺庙，在庙内大声叫嚣，让住持现身。住持缓步出来，平和地问道：“施主此来为何？”他大声说道：“我要和你比试知识。”

禅师笑着回答：“怎么比试？”

他高声说：“我什么都知道，你随便问，若是你用三个问题将我问住了。我就承认我的学问不足。”

禅师又笑了笑回答道：“好，施主，那我就发问了。”

随后禅师在周围绕了几圈，指向地面问：“地下面是什么？”那人回答：“土呗！”禅师摇摇头，挖了两下，挖出一个精致的盒子，笑着说：“这是我一个贪财的徒弟埋的银子，并非是土。”

于是那人不服气：“你耍我么？”禅师继续笑着：“不敢，那请问施主，天之外是什么？”那人一愣，开始支吾，最后自己放弃了，羞惭地低下头道：“不知。”

禅师点点头：“寰宇广阔，无边无际。我们不过是其中一粒渺小的浮尘，又怎敢妄称博学？红尘世事是学问，芸芸众生也是学问。我问施主第一个问题，并不是戏耍施主，我知道地下有个精致的盒子，是因为我了解那个徒弟，这也是知识。我问您天之外是何物，那也是知识。普天之下，万物生有其理，死有其道。道与理都是知识；万事因为其始，果为其终，因与果亦是知识。世上人各有不同，事千差万别，您又怎么能说，已经把知识学完了。”

的确，在这个世界上，我们不知道的太多了！即使人类已发展至此，但还有许多物种不曾见过，许多谜团没有解开，许多技术还没有完善。

其实我们了解的越多，就会发现我们知道的其实越少。举个例子，假如把我们所知的东西化作一个圆的半径，那么半径越长，圆的面积，周长也随之增长。但你会发现它所接触外围的面积就越大。而这个圆的面积就是你所掌握的知识，外面是你未掌握的知识。越是学习的多，越发现自己的无知。

既然知识是我们永远学不完的？那我们就不学习了吗？不，我们反而更应该努力去学习。因为知识是你唯一不会被抢走的财产，它能开阔你的眼界，丰富你的心灵。它可以让你明白生存的意义。

学无止境，其实代表的是一种未知领域的拓荒精神。当一个丰富却未知的世界在你面前展现时，你难道没有感觉兴奋吗？没有一种想要深入了解的欲望吗？而当把一切看尽，了解了一个领域知识之后的那种满足感和期待新事物出现的那种紧张感，会让你永生难忘。或许有人希望糊里糊涂地过一辈子，但如果我们想要自己的人生过得有意义的话，那么，哪怕我们是汪洋中的一叶扁舟，也依旧要在知识的海洋里荡漾。

大智若愚，不嬉小道

郑板桥有句名言叫“难得糊涂”，这句话受到了很多人的追捧。但是，人总是希望自己活得清明，为什么会难得糊涂？其实这里的糊涂并不是指学识上糊涂，而是做人上糊涂。所谓糊涂，并不是不明白，而是明白却不屑于多计较，干脆就装作什么都不明白，所以这种糊涂亦可解释为不争。

其实在生活中，很多时候我们都不能过于认真，正所谓“忍一时风平浪静，退一步海阔天空。”中国深受儒家思想熏陶，万事以和为贵。事实上也确实如此。譬如与朋友吃饭，自己付了款，然后呢？你是会从此心心念念，觉得对方欠了自己一顿饭钱，时刻想着让对方回请一次。还是觉得无所谓，并不在意？

如果你是第一种，那么你很可能会失去这个朋友。因为只要那个希望他还钱的想法存在脑中，纵使你表面不说，但你在潜意识中依旧会不知不觉的疏远他。而如果你直接挑明了，那么也势必会影响到你们两人关系。所以，一般这种情况大部分的人都会选择直接遗忘，认为仅仅是一顿饭钱。虽然失去了一些钱财，但可以使两人关系更加亲密，那么这顿饭就已经很有价值了。而这便是最简单的大智若愚的例子。

在古代有一个禅师，因为他非常智慧博学，所以周边的乡亲们都很尊敬他。这天，他正在寺庙里面修习佛法，突然听到门外一阵喧哗，然后就是人们的哄笑声，于是他走出门去，拉住自己的一个徒弟，问道："你们为什么事，笑得这么开心？"

徒弟回答："师父不知道，山下有个流浪的笨小孩，别人一手拿两文钱，一手拿一文钱，问他：'你是要一文钱，还是两文钱啊？'那孩子却只拿一文钱了。好多人不信，都去试，没想到确实是这样。师父，你说好笑吗？"

禅师此时来了兴趣："是吗，你也试了吗？"

小徒弟回答道："徒儿也试了。"

"其他人呢？"禅师又问。

"正要去"。小徒弟再次答道。

禅师听后沉思了一会儿说："原来是这样，那你也带我去看看。"说罢，禅师就跟着小徒弟往门外走。

没一会儿，小徒弟把禅师领到了那个孩子面前，两人四目相对，禅师看到孩子眼中透露出一丝狡黠，然后微笑点点头，俯身问道："孩子，你愿意随我到庙里修行吗？"小孩一脸高兴，翻身便拜，口称师父，就这样，这个孩子正式成为了禅师的徒弟。

过了几年，禅师要亲自挑选传弟子作为未来的住持培养，但是他却并没有选择自己的大弟子，而是选择了那个才修行没几年的孩子。这下引起了轩然大波，庙中的僧人有的不解，有的不服。于是禅师把大家聚集在一起，指着那个孩子说道："我之所以选他，是因为他天资聪颖，当初他流浪至此，你们让他选择拿一文钱，还是拿两文钱，他当时选择的是什么？"

此时那个孩子站起来回答："一文钱。"众人哄笑。老禅师看向众人，摇摇头又问那个孩子："那你告诉你的众位师兄，你为什么要拿一文钱而不拿两文钱??"

"因为我拿两文钱，别人就不会再找我做这个试验了，我也就再也拿不到更多的一文钱了。"

小孩子一句话说得众人哑口无言。原来所有人都以为自己是在逗他，却不知道自己是被他逗弄了。

禅师又看向那个孩子，接着说道："你虽然天资聪颖，但却没把自己的聪颖用在正途。所以我把你接入寺中，学习佛法，我相信只要你将自己的聪明用在研习佛法上，那么你进步一定会很快，也会将佛法发扬光大。"说完，禅师便挥退众人，带着小孩飘然离去。

十年后，这个孩子已经成为很出名的禅师，成功继承了老禅师的衣钵，而他当年选铜钱的故事也被人们津津乐道，广为流传。

老子云："不自见，故明；不自是，故彰；不自伐，故有功；不自矜；故长；夫唯不争，故天下莫能与之争。"智者永远不会争功，因为他们知道一个道理："木秀于林，风必摧之；堆出于岸，流必湍之，行高于人，众必非之。"聪明的人不会把自己摆在风口浪尖，因为那太危险了，很少有人会真心地祝愿你，大部分人只会嫉妒你，甚至会用一些卑鄙的手段打击你。

纵观以往数千年，每当历史上有一个人的功勋达到一定地步，就会引来他人的不满，甚至是皇帝的忌惮，最终逃脱不了被肃清的命运。而历史上最聪明大臣或许就是范蠡了。他帮助越王勾践灭掉吴国，但却并不邀功请赏，而是自此功成身退，隐姓埋名做了一个富商，泊舟于江渚之间，衣食无忧，既可以放声高歌，开怀畅饮，也能填词作赋，寄情山水。让人称羡不已。

无独有偶，秦朝的名将王翦也是一个大智若愚的人。有一次他奉命出征，在出发前请求秦王赐给自己良田房屋，秦王说："将军有什么担心的呢？只要你凯旋归来，豪宅美女官职任你挑选，何必现在只要这几亩小田呢？"王翦说："即使我建立功勋，也不会被封王侯，我对官职豪宅也并无兴趣，所以只能斗胆向大王请求，赐我几亩良田，作为子孙后代的家业。"

秦王答应了，而他手下的人却有些不解，王翦则说："我并非贪图钱财，只是因为秦王多疑，现在让我指挥全国的军队，心中一定不安，所以我事前求一些田产，名为子孙，实际是为了安抚秦王的心。这样他就不会怀疑我造反。"这便是大智若愚。

大智若愚，不嬉小道其实一种境界。想要达到这一境界就要放弃一定的眼前的利益，甚至干脆全部放弃，只有这样才能让我们的未来更光明。可是，能做到这一点的又有几个人？太多太多的人对于眼前的利益不舍放下，结果到最后才发现，原来自己失去的远远超过自己获得的，到那时他们再开始懊悔，伤悲，却没有后悔药可以吃了。

"亢龙有悔，盈不可久。"谁也不可能一直光鲜亮丽，永处巅峰，因此在生活中，我们该放下就放下，该退开就退开，时刻记住，大智若愚，不嬉小道。

凡身所在，皆是战场

自从进入二十一世纪，真正意义的战场早已荡然无存。少了生命的威胁，少了战争年代的枪林弹雨，炮火连天，我们不用提心吊胆，生活舒适安逸。但是就是这种安逸的生活环境，导致了许多人再也不愿奋发图强、不愿努力拼搏。因为他们不知道为什么努力，他们觉得生活只要过得去就好，不必再努力奋斗，不必再拼搏求生。

现在人们的生活都会存在一种拉力，那就是每个人自身的目标。但是他们还缺少一个推力，也就是不得不这么做的理由。其实，在当今社会，处处都是战场，而在战场上跑得最慢的，技术最生疏的人死得往往是最早的。同样，在社会中工作不认真，生活不努力，缺乏进取心的人，就只能被社会淘汰。

社会远要比真正的战场更残酷。真正的战场伤害的是人们的性命，而社会，腐蚀的却是我们的心灵，那远要比取性命更恐怖。战争用性命换来的是荣誉，而社会用心灵换来的则是绝望。那种置身黑暗，手足无措的感觉要比死亡来得恐怖。

在战场上最重要的是危机感，说白了就是未雨绸缪，在社会中同样如此。我们在做一件事之前，一定要做好充足的准备，把一切需要的事物准备好再前进。切忌事前冲动，事中胆怯，事后后悔。

古时候有个年轻人邀请一位禅师出外郊游，两人见面后，年轻人对禅师说："师父，久仰你的大名，我这次到来是希望能够和您共同出游，去郊区欣赏一下风景，顺便也让我跟您探讨一下佛法。"禅师很高兴地回答道："多谢施主，那老僧就恭敬不如从命。不过我要准备一下，我们明日启程可好？”年轻人鞠了个躬：“好，师父不用着急。”

到了第二天，年轻人刚起床。禅师已经背着个包裹在院中坐等年轻人，此时年轻人有些尴尬，对禅师说道：“师父，对不起，我起晚了。”禅师回答：“不妨。”禅师看看年轻人什么都没带，又问道：“施主不需要拿什么物品吗？”年轻人搔搔头：“去郊区需要准备什么吗？”禅师摇摇头，没有说话，而是带头走了出去。

过了一阵儿，天上乌云逐渐密集起来，开始有零星的雨滴落下，年轻人不以为意。又过了一会儿，乌云越来愈浓，年轻人有点慌了，此时禅师不疾不徐地从包裹里拿出一把伞撑开，随后大雨倾盆而至，年轻人快步躲进禅师的伞中，有些庆幸。

渐渐地，雨缓了下来，此时两人决定休息一会儿再上路。突然，年轻人的肚子发出“咕噜”一声，原来他早上没有吃饭，所以有些饿了。没想到禅师这时又从包裹里拿出一些干粮分给年轻人，让他填饱肚子再上路。

下完雨后，天气渐渐转冷，年轻人冻得浑身发抖。禅师又从包裹里拿出一套衣服，递给年轻人。年轻人感激地看了一眼禅师，赶忙把衣服披在身上。

终于到了目的地，两人讨论了佛法，欣赏了景色，年轻人对禅师的学识佩服得五体投地。而禅师对年轻人的思想也是大加赞赏。

回到寺院，年轻人问了禅师最后一个问题：“师父，我想要成功，可是不知道该怎么办？”禅师想了想，忽然面带笑容地说了一句莫名其妙的话：“下次出门远足时，要记得带上伞、食物和衣服。”年轻人刚开始有些迷茫，后来猛然醒悟，道谢而去。

其实禅师并不是答非所问，反而教会了年轻人一个道理，那就是想要成功就得在事前做好准备。年轻人出门什么都不带，毫无一点危机意识，假如没有禅师，他根本不可能成功到达目的地。而在生活中，如果那个年轻人也是如此，那么他和成功就横亘这一道难以逾越的鸿沟。

人生处处都有我们难以预计的事情。“天有不测风云，人有旦夕祸福。”我们有时做好了准备还会有突发状况，更何况不做准备？因此无论什么时候，我们都要有危机意识，就好比身处战场一般提高警觉。

如今，很多人满足于生活现状，不想灌输新的血液，不想学习新的知识，不想丰富自己。觉得如今的生活，自己的知识足以应付，所以安然享受。可是时代在不断进步，如果我们依旧止步不前，那么当我们发现自己已经跟不上时代的脚步就为时已晚。新一批的人才不停地涌入社会，那些不思进取的人迟早会被淘汰，而他们的职位、地位、收入也会被人顶替，所以现在很多人都不停地去公司外面学习“充电”，为的就是可以保证自己的生活，这些人才是真正的聪明人。

社会是一个没有刀枪的战场。在这里就如同“逆水行舟”一般，强烈的战场的紧张感才能促使你不断努力，不断进步。要想胜利，就得打起十二分精神，一直前进，绝不退缩。

第十章　弃乱相，守本真

凡人皆起心动念：动嗔心落入地狱，动贪心落入饿鬼法界，动愚念落入畜生界，动嫉妒落修罗界，动善念落人类法界，动善四禅八定落无上法界：一念真空落声闻法界，一念缘起落缘觉界，一念菩提心落菩萨法界，一念慈悲平等落佛法界。所以心可造地狱，亦可造天堂，心可做佛，亦可做魔。《楞严经》说："心生则种种法生，心灭则种种法灭"，所以说心法为妙。

茶香悠然

琴棋书画诗酒茶，在中国历史中，酒和茶是历史最为悠久的两种饮品，正所谓酒烈而茶香。酒可以激发人们内心情绪，使人变得更加率真。而茶则能使人清心静气，让人更加平和。

酒可为我们营造了一个自由的世界，使我们随时都可以找三五知己把酒畅饮，一叙心中快事，也可以饮酒自怜，叹命运坎坷。那茶呢？在茶的世界，是一派清和静灵的景象，在这里没有世事繁杂，没有勾心斗角和尔虞我诈，也没有情丝缠绕，你可以把自己疲惫的心放在茶中静养，独自的享受这份来之不易的宁静。

静，这是很多人都遗忘了的一个字。随着社会压力的逐步加大，我们只能不停地劳作，从不停歇，而披星戴月，早出晚归也已然成了家常便饭，但是当我们回头看看却会发现，不知在什么时候，我们已经遗忘了自己，甚至遗忘了自己的心。

想一想，我们有多久没有停下来看一看自己，思考一下过去的经历了？如今的我们一直在不停地前行，从不驻足回望一下过去，也不安静地审视一下现在，超快的节奏最终让我们自己疲惫不堪。难道，在每天忙碌的生活中，我们连放下一切，倒一杯茶，享受一下生活的宁静与乐趣的时间都没有了吗？

难道你不想要这样一点时间吗？

在古代，有一位禅师与他的朋友在一起品茶。他的朋友突然问他："人应该抱着怎样的心态存活在世界上。"禅师慢慢眠了口茶，举举手中的茶杯，说道："就应当像这茶一样。"他的朋友摇摇头："为什么会像茶一样？"

禅师并没有回答他的问题，而是说："我们来比试一下吧。"他的朋友压下对禅师刚才的回答的好奇心，问道"比什么？"禅师说："比泡茶，看最后谁泡的茶香。"他朋友很高兴："好啊，比就比。"

比赛开始后，禅师的朋友取茶叶，倒茶水一气呵成，早早地就把茶泡好了，反观那位禅师，却是气定神闲心无旁骛的手托着茶壶，把水缓缓倒进杯中，再将杯盖慢慢地盖上。从始至终，禅师没有一点紧张的样子，仿佛这根本不是一场比赛，只是生活中单纯得泡了一杯茶一般。但是当禅师再一次掀开杯盖时，茶香扑鼻而来，茶水的香味让禅师的朋友赞不绝口，他说道："是我输了，可是，您还没回答我的问题，您为什么说人应当像茶一样存活于世？"

禅师喝了一口茶慢慢地说道："泡茶，品茶，都是需要静下心，去慢慢地体验。人生也应当如此，在你眼中，茶只是一个用来解渴的饮品，而在我眼里，茶却是一个新的世界，需要我用一颗虔诚的心去看待，去触及的世界。而如果我无法做到静心虔诚，那么就无法触及茶的世界，芸芸众生，红尘世事，这世上所有的一切其实都是一个独立的世界，需要我们用心去观察，平心静气地去触碰，只有这样，一些你看不到，看不懂的事或人，才会渐渐明朗起来，你的人生也才能过得更清明、更宁静。"

"你看那茶叶水中飘忽旋转，难道不美吗？你听那水流交错而发出叮咚的声响，难道不动听吗？你看那杯上香气袭人，雾气缭绕，难道不绚丽吗？只要你静下心来，你会发现，这个污浊的世界也会变得可爱起来。即使一件看似很无聊的事情，当你用心去看时，也会变得很有趣。很多人抱怨世间一切太复杂，大部分是因为他没有把心真正放下来，心随着他的身体奔波劳碌，又怎么能客观地看待这个世界呢？”听禅师说完，他的朋友若有所思地点了点头。

我们总是在抱怨，抱怨自己太过忙碌毫无休息时间；抱怨自己用尽全力却什么都得不到；抱怨自己能力欠缺收入低下。总之我们总是认为我们的人生不幸福，不快乐，不满足。但事实上，你真的认真地审视过自己，就像一个陌生人一样去看待自己吗？你真的有过没有任何杂念的去看待自己，看待自己的心，自己的生活吗？

如果当你彻底自省之后，还会发出之前的感慨吗。人总是不知足的，欲望通常会不知不觉的主宰你的内心，让你有更高的目标，让你不停地努力。这本是一件好事。但是，我们应该要学会止步，因为没有谁可以一直奔跑，我们会累，会痛，所以此时需要我们的驻足来怀恋一下过去，喝一杯茶，静一下心，好好体味一下自己的人生。

你有没有想过这样的生活：清早起来什么都不去想，什么也不去做。静静地躺在温暖舒适的床上，戴上耳机听着自己喜爱的音乐，旁边的桌上放着一杯茶，或者是一杯热咖啡，你的日光在天花板上自由的游离着，或者可能随着桌子上放的饮品蒸腾的雾气，袅袅上升。这种舒适安逸却又平凡的生活你幻想过吗？

人有时候就需要这种宁静享受的生活来调剂自己忙碌的生活，其实人生就如同一个无止境的圆，我们不停地重复昨天的故事，而唯一可以告诉我们今天和昨天不一样的，就是每天不同的感悟与心情，可如果你连感悟的时间或者机会都没有，那么我们每天的重复又什么意义呢？

茶香正悠然，思绪才飘起，让我们带着自己的心，沉浸在一片祥和，安逸的愉悦中去吧。

弦上听心声

音乐是最能抒发个人心境的一种载体，喜怒哀乐，出于口，关乎心。如果你想知道一个人的性格，品质。那么你可以试着去听听他日常听的歌，一般爱听古风古乐的人往往心情恬淡，而那些崇尚轻音乐的人总是心境平和，热爱摇滚的人也热爱自由与狂野，总之不同的音乐可以很直观地看出一个人的心境和性格。

其实，音乐只是我们看穿内心的其中一个媒介，人们总是不知不觉间选择符合自己心境的音乐，悲伤的人不会选择过于欢快的曲子，因为那只会使他更加悲伤；而开心的人自然也不会听那些让人感到压抑难过的音乐，那样只能给自己徒增烦恼，所以我们听音乐的目的其实很简单，那就是放松心情，寄托情感。

每个人都有宣泄自己情感的媒介，比如唱歌，跳舞，吟诗，填词，作赋，绘画等等很多，这些媒介能很好地表现一个人的心情和性格，而就像这世界上没有两片完全相同的叶子一样，世界上也没有完全相同的两个人，同时也就没有两个完全相同的媒介，所以通过各种各样的媒介，其实我们就很容易能够看出一个人的心声。

古代有一位禅师能够洞察人心，据说只要他在你身边呆上一段时间，就能知道你的脾气秉性等，有人不信，便主动邀请禅师结伴而行，想试探一番。结果禅师毫不犹豫地便答应了那个人的请求，第二天两人便收拾行囊启程上路。

在路上，两人忽然听到一阵琴声。那个人就问禅师："大师可知弹琴之人是一个什么样的人？"

禅师聆听了一会儿琴声后自信地回答道："这是一个踌躇满志的年轻人，曲子节奏轻快，琴声慷慨激昂，且还有亢奋之情。"

那个人听后不信，于是就循着琴声去寻找弹琴之人，以求证禅师所说。答案果然不出禅师所料，弹琴的是一个年轻的新科状元，此时正踌躇满志地等待朝廷安排官职，随时准备走马上任，一切都与禅师所说特点相符合。

那个人惊奇道："难道大师仅凭琴声音就能知道此人的心境性格吗？"禅师笑而不语。

两人又接着往前走，随着天色渐渐暗了下来，两人决定去当地一家大户人家投宿，此时正巧碰上屋内一位老者在写字。禅师上去仔细观瞧，老人就问他："师父，这篇字可还入得眼。"禅师笑了笑道："老僧见识浅薄，岂敢妄下评断？不过这篇字遒劲有力，走笔之间刚猛之气毕现。只怕老将军行笔之时，想起了沙场征战时的横刀立马的景象了吧。"老人听后大吃一惊："老师父你怎么知道我曾任过武官，又怎么知道我刚才在想什么的？"正巧此时与禅师结伴游玩的那个人也走进来了，看到这一幕赶忙问道："您到底是如何洞察人心的？"

禅师回答："当一个人在无意识中做一件事时，是最能体现他心中所思所想的。哪怕他们平时刻意隐瞒，在此时也会在不经意间流露出来，那是不可避免的。我在路上听到的琴声和看到老将军所写的字的时候，我就能体会到这些。弦乐和书法其实都只是情感宣泄的一种媒介，当人们把感情都充斥在这些媒介中后，我只需要用心去聆听音乐，观赏书法，其实已经在和你们进行心的交流了，在我眼中，看到的不是你的人，而是你的心。而人可以说谎，心却说不了谎，所以我才能揣摩人心，洞察人性。"两人听完都很佩服。

身体是由心灵支配的，我们所做的大部分行为其实都是为了满足自己快乐。我们心灵的想法会由身体表现出来，所以我们在观察一个人时，除了看他的基本资料，还要观察他日常的行为，观察他留下的那些媒介，比如他听的音乐，看的书籍，他写的字迹，其实这些都是反映一个人内心的最好证据。

与人相交，最重要的是心与心的相交相知，我们常说的酒肉朋友之间是体会不到心灵的交流的。真正的好朋友是相知于无言，就像曹雪芹说的："君子之交淡如水。"真正的君子之交即使一个眼神也能知道对方在想什么，即使并不相见，也知道对方在做什么。

昔年楚宋交战，楚国只剩七天的粮食，楚庄王派司马子反去刺探帝国军情，查看宋国的粮食储备，但司马子反在刺探军情时碰到了宋国的大夫华元，华元得知司马子反的来意后直言相告，说宋国城中早已断粮，现在已经发展到易子而食的境地了，司马子反听完华元的话觉得既然对方如此坦诚，自己索性也将楚国仅剩余七日余粮的情况告诉了华元。两人初次见面，便能坦诚至此，不想因为对方的坦诚而占得便宜，真可谓是真君子。而有的人相交几年，甚至几十年，却还是钩心斗角，他们比起华元和司马子反，岂不是汗颜！

精神上的交流远比语言上的交流更深刻，就像之前说的，人可以说谎，但心却无法说谎。弦上听琴声，其实就是对自己心灵与对他人心灵的把握。与人交流，与人为友，就应找到最能体现对方心灵的媒介，见微知著，察言观色，彻底了解对方，而探究一个人，审视一个人，也应当是如此。

心无挂碍大纯真

《心经》言："依般若波罗蜜多故，心无挂碍。无挂碍故，无有恐怖。"大千世界中，我们面对的欲望无穷无尽，所以会产生无数的执念妄念。一旦心存妄念执念，就会生出贪嗔痴，从而心有挂碍，随后生出无尽的烦恼。故而，烦恼的根源之一就是"心有挂碍"，而想要断除烦恼的唯一办法就是破除执念，心无挂碍。当然，却也不能执着的追求心无挂碍，因为你执着地追求时，已经心生挂碍，产生执念了。

如今，我们只是要做一件事，往往都是抱着很强的目的性去做的，我们会要求每一件事情都能成功，每一次付出都有回报，其实这已经是一种挂碍，也是贪嗔痴的一种直接表现。而这种表现在修学，修业的过程中屡见不鲜，许多人刻苦地去修学修业，为的就是成为众人眼中闪耀的明星，或者是为了其他带有功利性的目的，但是一般抱有这种目的的人其结果也经常是沉浸在执着中无法自拔，而且不仅达不到自己的目的，甚至还滋生更多的烦恼与痛苦。

许多人都曾在人生的道路上努力过，但却依旧不得法，不得缘，修学不得成，修业不得成，修禅亦不得成。之所以会出现这种情况，就是因为他们心怀执念，没有做到了无牵挂，心中含有贪念，做事目的不纯。其实我们无论是修学、修业、还是修禅，我们的目的其实并不应该只有成功，我们所做的应该是摒弃那些带有功利性的目的，靠着本心的对事物的喜爱与追求去做某件事，只有这样才能彻底放下执念，遵从自己的本心。

宋代有一个尼姑法号玄机。她非常推崇佛法，于是落发为僧，皈依佛门。每天，她都会在大日山上的一个洞穴中参禅打坐，那里不见车马，也没有人烟，甚至连鱼虫鸟兽的踪迹都极为罕见，十分安静。

但是有一天，她突然心生疑惑，开口向自己的师傅求教："佛法讲求'空'，'寂'，'无相'，我终日躲避在这清净的洞穴里参禅修佛，远离世事尘嚣。这便算得道了吗？这便是佛法吗？"

她的师傅听了她的问题沉吟半晌说："此间不远处有一间佛寺，里面的住持雪峰禅师与你所修行的方法一般无二，但是他已得道，不如你去问问他吧。"尼姑点头称是，于是举步前行。

到了佛寺，尼姑面见住持。住持问道："师太哪里来？"玄机回答："从大日山来。"

住持又问："师太一路行苦，此来所为何事？"

玄机回答："此来是为求证佛道。"

雪峰禅师点点头："日出了吗？"（意即你明悟了吗？）

玄机回答："日若出了，那雪峰岂不被融化得一干二净了？"

住持上下打量她一番，接着问："不知师太法号？"

"贫尼法号玄机。"

"玄机？黑色的织布机。不知师太每日可织多少布。"（意即你每日修行多少。）

玄机冷笑一声道："寸缕不织，存丝不就。"心想："说什么得道禅师，也不过如此而已。尚未做到放下挂碍，还拘泥于每日修行多少，真是可笑。"说罢，欲转身离去。

雪峰禅师微微一笑，喊道："师太，你的袈裟落在了地上。"玄机闻言，立即回头。禅师大笑一声："好一个寸缕不织，存丝不就啊，师太既然已然放下所有，又为何挂念袈裟呢？"玄机听完，面红耳赤，低声告辞。

其实，玄机的放下挂碍只不过表面的，她只是把有形的东西放下了，所有她能忍受寂寞，躲在深山中修行。但是无形挂碍她却还放不下，她在乎的还是自己的修为高低，自己的佛法深浅，自己的袈裟地位，而这也就是为什么，雪峰禅师告诉她袈裟掉落，她就立刻回头的原因

我们面对世界上的种种诱惑，很容易就会升起妄念，而且这种妄念几乎是在不知不觉间升起的。最重要的是，一旦产生妄念，就会有执着，也会出现“心有挂碍”，从而就会产生无尽的烦恼。

很多人都害怕死亡，因为我们心中还有无尽的牵挂。家人，亲戚，朋友，事业等具象的东西与兴奋，悲伤，愤怒，兴奋，思维等抽象的情感都牵绊着我们，我们放不下，看不开，对于这一切，我们都恋恋不舍，即使在死亡的那一刻，能够真正了无牵挂的人也是凤毛麟角。而如果我们一旦“心无牵挂”，放下一切，我们就会得到真正的满足，我们本性也会显露出来。一如《心经》所言;“舍利子，是诸法空相，不生不灭，不垢不净，不增不减。”

当然，心无挂碍，是对心灵的要求，有的人觉得既然是放下牵挂，那么不如找个荒无人烟的地方，远离尘俗干扰，独自静心修行。其实这种做法只是一种沉迷于表象的修行方法，是十分不可取的。如果心不清，即使把他放在毫无人烟的地方，那么他也是除了烦躁什么都感受不到。

苏轼曾说过：“大隐隐于市。”世俗或许更是我们磨练心性的好去处。只要我们保障不生妄念，不愧本心，那么纵使外部环境千变万化，我们也不会有丝毫挂碍。修心养性，在于平时，不必非要刻意去寻求安静的处所。陶渊明身处喧嚣之中，心如止水，更是做出了：“问君何能尔，心远地自偏”的千古佳句，而若是我们苦苦脱离日常生活去修佛参禅，那么反而落了下乘。

心无挂碍则是大纯真，大自然，大快乐。能够放下执念，能够做到不贪，不痴，不嗔，烦恼就会随风而去，你内心的宁静也不会被外部环境所左右，从而也能得到真正的快乐和满足。

坦诚如赤身

俗话说得好："逢人只说三分话，未可全抛一片心。"这句话的意思就是让我们学会察言观色，而且要有高度的防人之心，对人说话要虚实参半，不可完全透露。但是佛家讲求的是出家人不打诳语，说话一片赤诚，那么这样一来是不是说两个理论是相悖的，只有一个是正确的？其实当然不是，因为诚实不代表幼稚，赤诚不代表傻瓜，不说谎言也可以有自己的处世智慧，但是有谎言也是万万要不得的。

当我们每说一次谎话，就像是在雪山上扔下一个雪球，这个雪球往往会越滚越大。每一个谎话都会需要更多的谎话去圆，谎话说的越多，最后就会越心力交瘁。而且最可悲的还不是这一点，而是谎话永远无法说得完美，终归会被人戳破。

世界上没有不透风的墙，只要你说谎就会留下证据。因为你说的根本不是客观存在的事实，又怎么把它说成真实发生的事件？佛家讲求度人，但度人最起码的基础是双方心意相通，用数学知识来解释，就是只有在同一平面的直线才可能有交集，倘若彼此撒谎欺瞒，那么又凭什么讲求度人？真正的相交，是摒弃了语言、地位等的一切外在，仅仅只是两颗心彼此沟通，这样一来，即使自己都不说，对方明白你的心意，好似"心有灵犀一点通"。

当我们卸去所有的防备、伪装、保护壳时，才是我们最真实，也是最脆弱的时候，而这种行为也叫做坦诚。坦诚是让你脱离外在的束缚，愿意将自己的缺点，伤痛暴露给其他人，并且足够确信对方不会嘲笑你，攻击你，伤害你的一次心灵交往，一次完全信任的托付。你有没有试过将自己完全托付过另外一个人，完全相信一个人，承认一个人？如果你尝试着这么做，你会发现，你会获得一种前所未有的轻松感与满足感。

古代有个寺庙，庙前庙后都种着庄稼，平日闲暇时僧人们就会打理庄稼，以供寺院内的吃食，在寺院中，有专门分管种庄稼的，也有专门分管收庄稼的。而故事就发生在一个收庄稼的僧人身上。

有一次，这个僧人在收庄稼的路上看到几个衣不蔽体的孩子，他于心不忍，于是就答应帮助他们寻一些银两让他们可以买几件衣服御寒。第二天，僧人在收粮食的时候私藏了一部分，并在下午把那一部分拿到市集上贩卖，赚来的银两就交给那些孩子们。

如此这般私自贩卖了两三次，终于有天碰到了住持，住持关心地对他说："最近收粮食辛苦你了，平日里多休息一些，不要太劳累"

僧人有些愧疚的回答："没什么，这是我应该做的"。说完给住持行了个礼，转身回到自己的房间。

在房间中，僧人开始自我反省：他虽然是在做善事，但是却不应该瞒着住持与寺内的师兄弟，而且自己不仅私藏粮食，还贩售，严重坏了规矩。而且住持对自己这么好，自己却如此损害寺里的利益。想到这，他开始难受，想把这些都告诉住持，但是他又怕自己说了，会被住持逐出寺庙。思前想后，总觉不妥，到了夜里还难以入睡，十分痛苦。

第二天清晨，僧人还是打不定主意，不知该如何是好，只是自己在平时处事时变得更加小心，生怕别人瞧出端倪，报告给住持。

就这样提心吊胆地又过了两天，他终于忍不住了，来到住持房内，"扑通"一声跪下来请罪：

"住持我犯错了，你把我逐出寺院吧。"

住持此时正在研读佛经，于是放下书卷问他："你犯了什么错？"

那个僧人将事情原原本本说了一遍。住持沉思了一会儿，说道："你确实违犯寺规，理应逐出寺门。但念在你所作所为出自善心，而且主动来这里承认所做之事，所以此事就既往不咎，你日后安心在寺中继续修行吧。”

僧人一听，喜出望外，不仅仅是因为自己没有受到责罚，而且因为坦诚让自己十分痛快。

其实坦诚最大的好处是你在这样做后不会有一丝的心理负担。秘密是这个世界最沉重的负担，一旦你有了秘密，你会发现，你对周围的紧张感立刻就会提升，你害怕自己泄露这个秘密，你会觉得周围很多人都在觊觎这个秘密，会感到草木皆兵，步步惊心，如履薄冰。假如这个秘密你连自己的朋友、亲戚，甚至连你最亲近的妻子、儿子都不可以信任。那么隐藏着这个秘密你还会觉得开心吗？你还有心情去享受那秘密给你带来的利益吗？坦诚如赤身，为人处世，一言一行总不可能全盘说出，但也不能撒谎，欺骗他人。因为害人终害己。欺骗他人，也同样是在欺骗自己。

放下执妄

所谓执妄，就是执着于某件事物，而且大部分是执着于自我，因为执着自我就产生了自我，容易与他人的对立，而一旦与人对立就会生出分别心，分别心就会带给自己新的烦恼与痛苦。反之，如果我们无私放下执妄，就能破除心魔，与人为善。

为什么会有执妄，因为我们总是对这世上的事物有包含主观色彩的判断，即有一个“我”。“我”是一种感觉，就比如，一颗糖果，它最初并不属于任何一个人，也就没有我或是他的差别。但当我们将这颗糖果买回来时，我们就会自然而然地为这颗糖果加上一个“我”的标签。而一旦这种感觉在我们潜意识中出现，那么这颗糖果的状况就会对我们造成影响。比如这颗糖果破损、丢失都会对我们的情绪有所影响。但是在此之前，这颗糖果其实与我们毫无瓜葛。

世界上每天都会有人去世，每天都会有很多灾难，每天都会有不同的人遇到不同的挫折。但是我们在看到这些跟我们无关的悲剧时最多也不过是感叹一下，没有其他的感情波动，更不会因这些事而寝食难安、黯然落泪，而且还会照常过我们的生活。但是为什么一颗糖果的丢失对我们情绪的影响要比其他灾难，甚至死亡对我们情绪的影响还要大？

答案很简单，正是因为那颗糖果上被贴上了“我”的标签。而那些灾难和死亡与我们无关，所以我们不会关心。这便是执妄。

唐朝有一个著名的僧人，法号道一，是南岳怀让的法嗣之一。道一在十二岁即在南岳衡山拜怀让禅师为师修习佛法。

一天，怀让禅师看见道一整天都呆呆地坐在那里打坐参禅，就走过去，问他：“道一，你每日坐在这里坐禅，为的是什么？”

道一回答：“我想修成佛法，最后成佛。”

怀让禅师摇摇头，从地下捡起一块砖，在道一面前找了块石头开始打磨起来。

打磨砖头的声音太过嘈杂，道一根本没办法认真坐禅入定，他皱了皱眉，问怀让禅师：“师父，您磨这块砖头做什么呢？”

怀让禅师看了道一一眼，回答：“我缺一块镜子，所以打算把这块砖磨成一面镜子。”

道一很奇怪，笑道：“师父，您在说笑吗？砖头怎么可能会磨成一面镜子呢。”

怀让回答：“既然砖无法做成镜子，那么你如此枯坐参禅又怎么可以成佛呢？”

道一脸露愧色，他又问道：“那要怎样才能修得佛法，修成佛呢？”

怀让禅师回答："参悟佛法就好比有人驾车，假如车子停滞不走了，你是抽打车呢？还是抽打牛呢？"

道一沉默不语，没有做任何回答。

怀让禅师又说："我问你，你所学的是坐禅，还是在参佛？假如你所学的是坐禅，那么禅并不在乎你是坐是卧。生活中的点点滴滴也都蕴含着禅意。所以根本不必特意在这里坐禅。你如果是在参佛，那也是误入歧途，因为你是想枯坐参佛，但是佛又岂是单单枯坐便能参悟的？所以如果你只是执着于坐相，那就是和禅、和佛背道而驰。"

道一听完怀让禅师的教诲与讲解，顿时大悟，如醍醐灌顶。

道一对自己的修行方法坚信不疑便是因为跌落到执妄里。他放不开自己眼中的表象，他认为"我"看到的东西是对的。如果不是怀让禅师点拨，只怕他现在还在那里迷惑着。

可以说，"我"是一切烦恼的源头。我们总是把原本不属于我们的东西强写上一个"我"的标签，从而给我们营造一种莫名的错觉，仿佛我们身边一切印有"我"这个标签的事物我们对其都拥有绝对的支配权。假如不是这种错觉，那些生命中无关紧要的东西，那些本就是过客的东西，又怎么会带给我们伤害呢？

我们的心原本应是无边无际，空明浩瀚的，但是由于我们总是看不到事情的本质，总是因为无谓的执着而把自己困住，结果导致那颗本是自由的心套上了枷锁。我们在自己编织的牢笼里面不断挣扎，不断痛苦，觉得这个世界过于狭窄、拥挤，但是要知道，我们的心有多大，眼中的世界才能有多大。即使是同一片天空下，每个人内心的世界也都有着云泥之别。想要拓宽自己的世界，就要不停地解开自己的牢笼，放下带有"我"的标签，解放自己。或许有一天，当我们把所有枷锁都打开，我们就能看到另一个世界，让我们的心灵回归清明澄澈，也让我们的生活变得纤尘不染。

心眼看世界

肉眼所看到的世界，与心眼所看到的世界相同吗？答案是：不同。肉眼是反映客观事实的媒介。俗语说："眼见为实，耳听为虚。"眼睛可以看到表象的世界，并把它整理成信息，反馈给大脑。而心眼所看到的世界是整合客观事实加上个人感悟后反馈给大脑信息。心眼不受时间空间的限制，会带有主观色彩去评断一件事情，它不仅通过眼前的事物收集信息，也可以通过书籍、音乐、舞蹈等等媒介来收集信息，它不仅可以看到现在，还可以看到过去，甚至看到未来。它会把抽象的东西反馈给我们的大脑，与肉眼不同的是，心眼不仅可以提供信息，还可以提供解决方法。

用心眼看世界，你会得到很多非物质的收获。比如当我们站在海边，凉爽的海风吹拂着我们的脸颊，此时通常人们都会张开双臂，闭上双眼，深吸一口气，赞叹一句："好美啊！"而此时我们就是在用心眼看世界，心眼看到的不是某一种具象的事物，而是一种感悟和感触，一种对心灵的触动。

许多时候，人们会陷入某些困境难以自拔，原因就是我们太执着于过程，太相信肉眼反映的一切，总觉得事情很复杂，但其实当你试着用心眼去看，去追寻事件的因与果时，或许整个事情并没有你想得那么复杂。

古代就有一个老禅师教徒弟用心眼看世界的故事。

有一日老禅师看到自己的徒弟正在参禅打坐。于是走过去对他说："你在这里参禅吗？"

“是，师父。”小徒弟恭敬地回答。

老禅师笑了笑，说：“走，师父带你出去走一走。”说罢，老禅师便领着自己的徒弟来到郊外。

阳春三月，草长莺飞，此时的郊外一派祥和美丽。老禅师驻足停步，突然闭上双眼，深吸一口气，说道：“我听到有鸟儿鸣叫的声音，我想它们在歌唱。我闻到花香，它们或许在争艳斗芳。远处的山峰是一片美丽的绿色，我身后是一条蜿蜒的小道，我经过的地方都有着郁郁葱葱的树木。我还经历了潺潺的流水。啊！这是美丽的景色！”此时老禅师的徒弟也学着师父感受着一切，同时发出赞叹：“是啊，好美啊。”

师徒两人站了一会儿，老禅师说：“走，回去吧。”徒弟点点头，两人举步往寺中走，可是到门口了，却出现一件奇怪的事，老禅师进门之后，把门关住了，把自己的小徒弟关到了门外。

徒弟一愣，随机释然，暗想：“大概师父别有深意吧。”于是干脆就在门外打起坐来，口念佛经。

渐渐地，天色暗了下来。这时从门内传出一个声音：“徒弟，进来吧。”徒弟推门进来，老禅师问：“你在门外看到了什么？”徒弟老实地回答：“师傅，现在天已经全黑了，根本什么都看不到。我想现在大概也只能看到远处山的影子吧。”老禅师摇摇头：“可我还能看到小道，听到鸟儿欢叫，流水潺湲，我还能闻到花香。你为什么说什么都看不到了？”小徒弟一愣，辩解道：“不可能啊。”此时他正好看到老禅师笑而不语的脸，忽然茅塞顿开，脸上浮现了笑容。

老禅师之所以能在晚上还能看到那些画面，正是因为他并非用肉眼去看这个世界，而是用心眼凭自己的意识去加工这个世界。在心眼中看到的世界，一切都由你主宰，可以是晴空万里，也可以是阴雨绵绵，既可以是白天，也可以是黑夜，一切都随你的意愿而改变。

一个人是需要有两个世界的，一个是现实世界，一个是幻想世界。

现实世界住着的是你的肉体，他可以让你直接体会到什么是欢愉，什么是恐惧，一切你在现实中感受到的痛苦与快乐，都会通过你的肉体直接迅速地告诉你。肉体会受伤，但可以治疗，而且会随着岁月的流逝渐渐消失。

幻想世界住着你的心。有轻松的时候也有焦虑的时候。一切由你的心灵来告诉你。然而与肉体不同的是，心灵受到伤害是无法被治愈的，更可怜的是，心灵给人带来的伤痛不会随着岁月的流逝而趋于无形，反而会更加痛苦。所以，无论我们所处的世界有多残酷，我们都要保持一个可以观察到真，善，美的心眼，来维持你心灵上的安乐。

当你碰到绝路时，你的心眼并不会告诉你已经无路可走了，而是会指点你，该转弯了。很多时候我们对一些事情无法做出判断，对很多事物产生迷茫。此时我们不妨问问自己的内心，当肉眼迷茫的时候，就开启心眼。就像女人在关键时刻往往会靠自己的第六感。通常理智无法理解，无法解决的事，就干脆交给感觉来判断，或许你会觉得这很莽撞，但这却不失为一种好办法。什么是理性，什么是感性？只不过是你更偏向哪一只“眼”。偏向肉眼，你可以看到一个真实，严谨的世界，但是却是个无情，平淡无奇的世界。而用内心去看世界，世界变得梦幻，时而奔放，时而静谧。一切都饱含生命，一切都饱含热情，让你陶醉，让你沉沦。

如果可以的话，多用你的心眼来看待世界，你会发现这个世界原来如此美丽动人，让人折服。

第十一章　明心见性，大彻大悟

菩提本无树，明镜亦非台，本就无一物，何处染尘埃。佛对我说：你的心上有尘。我用力地擦拭。佛说：你错了，尘是擦不掉的。我于是将心剥了下来。

佛又说：你又错了，尘本非尘，何来有尘。

心本无尘，尘即是心。无心无尘，人便死。

尘在内，心在外，常剥之，无尘无心；

心中有尘，尘本是心，

心胜人不败

无论是谁，总是会在人生中经历过一两次失败。但失败是恐怖的，因为它带给人的冲击太过直接，从精神层面来说，当人们失败了，肯定产生失落、伤心、悲痛等情绪，而其他人甚至也会对我们冷嘲热讽，产生进一步的打击。而从物质层面上说：失败了，代表一无所有，所有的投入，时间、精力、金钱，全部化为一场空。所以失败的经历一般会让我们沉浸其中无法自拔，同时这也是一些人沉浸在痛苦里不能自拔的原因。

人们害怕失败，因为他们不敢去承担，当一件事情的结果与自己想象得有出入，甚至大相径庭时，人们开始觉得惊讶，然后是不解，最后更多的人选择了逃避。其实我们每做一件事都具有赌博性质，在没有出现最终结果时，一切都是未知数，所以我们在等待结果的过程中一颗心七上八下，一切充满着刺激。但是结果出来时，赢的自然皆大欢喜，但假如输了，当你把自己辛苦赚来的钱交给他人的时候，你是怎样的心情？

不甘心、不舍得、留恋，等等，但这还仅仅只是物质上的失去所引起的反应，当我们面对精神上的损失时，更是会痛彻心扉，无法自拔。

在古代有一个年轻人，他考科举时失败了，想起家中老母与妻子含辛茹苦得供自己念书，而且现在还盼着自己回家，这位年轻人觉得心如刀绞。但是他现在一事无成，又怎么有脸面去见她们？因此他既不敢回家，也不知道投奔哪里，只能各处流浪。

终于，在流浪了半个月之后，他身上那些本就不多的盘缠也花光了，因此他饿得头昏眼花，刚巧，他听闻周围有一间寺庙，于是就想去蹭点吃喝。进了寺院，他向住持说明了自己的来意。住持听完后吩咐一位小和尚道："请施主前去用斋。"年轻人狼吞虎咽地吃完一顿斋饭后，又去找住持道谢。

住持见他前来道谢，双手合十道："施主何必多礼？不过是寻常一顿斋饭罢了，但不知施主因为何故流落至此？"年轻人见住持问起，便把自己的经历说了一遍，说完后，还忍不住长叹一口气。

住持听完也叹了口气说："原来如此，施主既然无处可去，倒不如就在敝寺住下吧。"年轻人一听大喜过望，但是又有些不好意思，他说："只怕打扰大师。"住持摇摇手："不妨不妨。"于是年轻人就这样在寺庙中住下了。

一天傍晚，住持把他带到一间破屋子中。年轻人一愣："这……"住持微微一笑："你看那边。"年轻人顺着住持指向的地方看去，发现一只蜘蛛正在织网。

年轻人很纳闷，问住持："蜘蛛织网有什么好看的。"住持说："你只需要看着。"过一会儿，风变大了，蜘蛛网被吹破了。

年轻人有感而发："唉，竹篮打水一场空。"禅师说道："往下看。"

此时蜘蛛又爬了出来，接着织网。不过刚织完，就又被风吹破了。可是蜘蛛没有放弃，继续织网。此时老禅师开口说："面对风，蜘蛛没有能力去抵抗，所以它只有三种选择：要么不停地织网，总有成功的时候，要么就换个地方织网，要么就躲在安全的角落里永远不出来，可那样它就会饿死。至于你，同样有三种选择，要么就四处筹钱，继续考取功名，要么就试着选择别的路来开辟生机，要么就像现在这样，继续流浪下去，何去何从，就看施主怎么选择。”

其实这位住持说出了很多人的心态与现状。人失败的原因往往不尽相同，人多种多样，失败也是千差万别，但他们对于失败的处理方法往往只有三种：承受，逃避，另辟出路。其中另辟出路的人是智者，选择承受的人是勇者，逃避的是弱者。但其实另辟出路的人也是弱者，因为他们只不过是选择了躲避眼前的障碍，可他们永远也体会不到从头再来，打倒眼前的障碍时的快乐。

人们都说：“失败是成功之母。”而失败究竟是我们人生路上的垫脚石还是个大坑，一切都取决于我们自己，假如你能超越失败，那么失败就是垫脚石，如果你选择放弃，那么失败就是万丈深渊。只有相信自己，并且永不放弃，才能在失败时依旧屹立不倒。在勇者的世界里永远没有失败这个词语，所谓的失败，不是让他们认识到自己的不足，是一节生动的反面例子，也是他们通往成功的必经之路。而在弱者的世界里，一次的失败，就可以让他们的世界瞬间倒塌，成为一片废墟。

爱迪生进行了将近几万次的实验，只是为了找到一种适合做灯丝的材料，没有人告诉他要做多少次实验，更没有告诉他世界上有没有这种材料。所以失败成为他生命里中的一位常客，那仿佛没有尽头的轮回试验无时无刻不在折磨他。但是他就是想要成功，所以每一次失败就只是他成功路上的一个小插曲，他的心向往着成功，所以不会被失败阻断。同理，只要我们的心不承认失败，那么就没有什么理由能让你停下脚步。因为一切困难都可以想办法克服，就如同贝多芬即使耳聋依旧可以创作惊世之作第九交响乐一样，你离你的梦想其实并不遥远。

为什么有的人会向失败妥协，因为他们觉得自己已经是身处绝境了，已经不可能咸鱼翻身了。可是这个运动场上，随时都有反超，甚至有绝杀。那些落后的运动员放弃比赛了吗？他们认输了吗？

所以说，真正失败的往往是自己的心灵，而非自己，世界上只有绝望，没有绝境。在汶川地震中，有的人在废墟里存活了20天，在那种环境下都能存活，还有比身处废墟中更为绝望的吗？但是他依旧能活下来，就证明了只要心还没有死，就能不被挫折与失败打垮。

失败就是欺软怕硬的别称，只要你的心稍露胆怯，他就可以让你万劫不复。但是内心强大的人永远是强者，所以我们说心胜则人不败，这一点值得我们大家共勉。

眼见非实，修正谬误

中国有句古话叫："耳听为虚，眼见为实。"意思呢是说只有眼睛看到的景象，才可以信以为真，至于道听途说的言论则是不可信的。但是事实真的是如此吗？其实不尽然，有时候眼见的也不一定是事实，也有可能是人为捏造，而耳听的也不一定是虚，因为有的是无中生有，有的则是有的放矢。

就现代来说，眼见的其实也不一定是事实。因为伴随着科技的发展，越来越多高新的技术被开发出来。比如我们常用的PS软件以及手机开发出来的美人相机等软件，就足以让我们眼见的事实发生扭曲，所以在当今社会，照片早已经不足以成为一个证据，那么这还叫眼见为实吗？再举一个例子：魔术。你相信魔术师可以把一张白纸变为人民币吗？你相信一件东西可以莫名其妙的消失吗？你相信你从扑克牌堆里随意抽一张牌，魔术师就会知道是什么牌吗？答案肯定是不相信。而事实上，这些魔术师的确做到了，就在你眼睛盯着他的时候，他做到了。那么你觉得，这些是事实吗？所以即使是我们亲眼看到的，也不能认定这就是事实，而这也是佛家所说的“不信虚妄”。

在古代，有一位将军外出征战，在路上与敌军相遇，厮杀了一阵后各自退军安营扎寨。到了半夜，将军醒来外出巡视，看到有两个人在那里聊天，其中一个是敌军，另一个竟然是自己的副官，将军怒不可遏，但没有打草惊蛇。

到了第二天，将军就将那个副官绑了起来，想要将他推出辕门斩首示众，可手下所有人都请求将军放过他，将军迫于无奈，只好打了20军棍便放过他了。

结果当晚，将军外出巡视，又看到有人进入那个副官的帐篷，那个将军再也无法忍住怒火，提剑进入帐内就将那个敌军杀了，然后用剑指着那个副官问道：“你竟敢私通敌军！”副官一惊，随即大吼：“那是我兄长，我是在说服他投靠我军，你竟然……”将军听有人走来这边，大喝一声：“私通敌军，按律当斩。”说完，就将副官杀死了，并让所有人相信了是副官通敌才被将军杀了。

过了两年，将军娶了个失忆的女子作妻子。正当筹办婚礼的时候，门外有人通报说：“有个和尚要面见将军。”将军命人将那位和尚请进府内问道：“不知师父有什么指教？”

和尚笑了笑说：“将军只需记得耳听不为虚，眼见不为实，这句话就可以了。”说完转身要走，将军此时扯住和尚问道：“师父，还请再说仔细一点。”

和尚沉思了一会儿拿出了一幅画说：“老僧这里有一幅画，将军可看见些什么？”将军接过手中的画卷，打开，却是一张白纸，将军一愣：“这是……”和尚拿起茶水朝画上一泼，画面立刻露出一个美女，与他娶的妻子面貌一样。将军还没看完，便高兴收起画，将和尚打发走了。

到了婚礼上，将军把那幅画挂在墙上。在与妻子洞房之时，新娘却突然抽出一把匕首，直直扎入将军的胸膛，然后自刎了。而此时墙上那副和尚送的画刚好徐徐打开，画中正是新娘刺杀将军的情形。

原来，新娘是当初被杀死的副官的妻子，为了报仇才故意接近将军，但是这事无意间被和尚知道了，于是画了这幅画来提醒将军，但是将军却没有看完就把画收起来了，随后才出现婚礼上的一幕。

其实这位将军犯了两个错误，第一，他在杀副官时，太过想当然了，根本没有问清楚原因，就杀了副官。第二，他在和尚的画还没有完全显露时，就把画收起来了。其实这也是我们常犯的错误：没把事物看清楚，便断下结论，结果惹祸上身。

而我们看不清事物本质的原因是什么？第一个原因就是偶然因素的产生，而第二个原因就是人们天性中的虚伪。在生活中，人们更愿意相信那些有利于自己的表面的假象，因为他们更直观而且一目了然，也能够为自己产生利益，这是大多数人的通病。

除了虚伪因素，我们再来说说偶然因素。

事实上，连圣人孔子都曾偶然犯过类似的错误。孔子携弟子周游列国，在中途粮食吃尽，于是弟子颜回讨回一点米，为孔子蒸上。孔子当时正在睡觉，醒来恰好看见颜回先吃了一口，但是孔子默不作声。待饭好之后，孔子说："这饭若是干净，就先拿来祭祖吧。"颜回赶忙说："刚才蒸饭的时候，弟子看到有灰尘掉进去了，我怕浪费，就把沾有灰尘的食物吃了，所以这饭不干净了，不能祭祖。"孔子这才知道自己误会了颜回。

孔子是圣人，颜回是贤者，可即使是这两个人，中间也会因为"眼见为实"而产生误会。在孔子眼中，他所看到的就是颜回禁不住饥饿，所以先偷吃了粮食。而他之前在睡觉，没有看到有灰掉落，所以只有这样猜测才比较合理，这就是时间的偶然性，误会也是这么产生的。

人们常说："无巧不成书"，巧合无处不在，所以当我们看到一件事时，不要急于下结论。因为没有把一件事情的来龙去脉都了解清楚，就没权利去发表意见。而一旦发现我们眼见非实，就应当及早修正谬误。

心灵的大解脱

假如我现在说，你的心灵一直被束缚着，你一定不会相信。因为你根本没认识到，甚至你早已把自己的心灵放弃了。

当遇到一件足以改变你命运的困难时，你第一个想到的是什么？是自己，还是其他人？真正心灵解放的人在此时什么都不会想，他们只会很客观地评断这次困难，然后综合种种因素，得出最合理的解决方法。他们既不过于理性也不过于感性，因为太过理智的解决方法会太过无情；太过感性的解决方法只会让事情更加复杂。正所谓“当局者迷，旁观者清”，只有在面对困难时把自己置身事外，才能看清楚事情的本质，而这就需要我们做到心灵的大解脱。

心灵的大解脱，如何解脱？在刚刚降生的时候，我们都是快乐的，自由的，我们不需要瞻前顾后，更不需要提心吊胆。我们无需考虑自己，也不用考虑他人的心情、更不用考虑世俗的眼光，想吃就吃，想睡就睡。

再年长一些，我们有了行动能力，我们依旧每天上蹿下跳，依旧无拘无束，自由自在，那是我们最纯真，最快乐的时候。可待到年纪再大一些，我们开始步入学校，第一次有了“纪律”的概念，而后我们知道有些话不能说，有些事情不能做。

到了初中，高中，大学，我们懂得了成绩可以决定命运，懂得了什么样的人可以结交，什么样的人需要避开，懂得了什么事做了对自己有利，什么做了对自己有害。最后当我们步入社会，更是开始忍气吞声，不公平，我们可以忍，不合理，我们可以装作看不到。

而我们心灵就是这样不停地，一点点套上枷锁的，更讽刺的是这些枷锁还是我们自己甘愿套上的。

那么是不是我们的心灵永远得不到解脱？有人也这样问过一位禅师。

一位年轻人忍受不了社会中的黑暗，他觉得自己找不到出路，看不到未来。在满心迷惘下，他进入一间寺庙，问寺中的师父："大师，这个世界太黑暗，到处是尔虞我诈，而且生活压力太大了，活下去太不容易了，我该怎么办？"大师反问道："你的心呢？"

"我的心？"年轻人反应不过来。

"对，你的心呢？"

年轻人依旧迷惑着："大师是什么意思？"

"你的心都找不到了，又凭什么体会到时间的黑暗呢？人一生有太多的牵绊，这些牵绊就像一条条锁链禁锢着你的心，你的心早已经被铁链锁得牢牢的，现在的你只是一具会说话的躯体罢了，你感叹世界黑暗，而你活到现在，只能说你已经随波逐流。既已如此，又何必来这里求什么答案呢？"

年轻人仔细思索着大师的话，过了一会儿继续问道："我想摘掉那些锁链可以吗？"

"可以，有什么不可以的呢？""可怎么放下呢？""这些锁链，一些是别人加给你的，一些是自己强加给自己的。放下别人加的锁链容易，放下自己加的锁链难。想要放下锁链，就要先和自己的心对话，什么是你想要的，什么是你不想要的，然后按照心给你的答案，去驱使你的身体做事，这便是放下了别人加的锁链，也就是按照自己的想法生活，坚持自己信念。"

年轻人又问："那又怎么放下自己加的锁链呢？"

大师说："放下自己。"

“可是您不是说要坚持自己，为什么又放下自己？”

“对，放下自己。放下自己的欲望，放下自己的情绪，放下自己对事情的执着，一切不刻意为之，就可摘掉锁链，抛弃负担。”

年轻人若有所思，于是就在寺庙里面静心思考，终于有所领悟。

如今我们的心灵有太多的桎梏，从小到大，家长、亲友、师长，家庭、学校、社会，各个层面都会给我施加压力与要求，很多时候我们的生活都无法按照自己的意愿去进行，很多事情都是被逼无奈，迫不得已而为之。可是，你又是否想过，如果我们放下自己的虚伪，放下对他人看法的重视，放下自己的自私，放下自己的欲望，回归到纯真善良的小时候，没有心机，没有尔虞我诈，没有撒谎欺骗的世界，又会是怎样一番景象呢？

世事繁杂，大部分时间我们都是在为了别人的看法与眼光而活。可人生既已如此艰难，我们为什么不遵循自己的意愿，去追寻我们最初的梦，去做我们最想做的事，去做一个自己想做的人，让自己的心灵来一个大解脱呢？

“无”时无烦恼

我们平时计较最多的是什么？归为两点就是“有”和“无”。比如，他的位置比我高，他的钱比我多，他的学习比我好，他的女朋友比我漂亮之类的。你会计较那些别人拥有的而你没有的，此时你看似是一个“无”的状态，而事实上，你却是一个“有”的状态，有什么呢？有一颗“我也想要这些东西”的攀比之心，有一颗“为什么他有而我没有”的恼怒之心，有一颗“我也一定要有这些东西”的执着之心。而这些对应的就是佛家的“贪、嗔、痴”。

其实，仔细想想，其他人的生活和我们并没有显著地交集，我们又何必计较他人过得怎么样？何必用自己的不足去和对方的长处相比呢？我们为什么要抓住自己的弱点不放？我们为什么不能放过那个用来攀比的人？我们又为什么不放过自己？

其实“贪、嗔、痴”说到最后不是放不过其他，而是放不下自己。我们做不到自我的“无”，我们都希望做人中龙凤，我们希望得到别人的注意，成为万众瞩目的焦点，聚光灯都聚在自己的身上，让别人的视线无法离开自己，于是就逼迫着自己与他人比较。但是讽刺的是，在比较的时候，我们只着眼于别人的优点，自己的缺点，从而打击自己的心灵。

这种畸形的攀比对他人没有任何的妨碍，但对我们自己却是一种打击，可以说真正是自寻烦恼。我们每日恨天道不公，可是我们从来没有想过，为什么我们不能放下一切无聊的攀比，而是一心一意地去提高自己的能力呢？

有一个财主，他一直有一个愿望，那就是“当世界最富有的人。”于是，每当他听到有一个很出名的富翁，就一定要从各种渠道打听对方的消息，一旦听到比不上自己的富翁的消息，他就会很高兴。但一旦听到财产超过自己的富翁的消息，他就会愁眉不展，茶饭不思，总想击败这些比他强的富翁，于是他疯狂地聚敛财富，让家中金子银子堆成了山。终于有一天，他觉得没什么人可以超过他了，但他却依然觉得不快乐，总觉得很空虚。

他把这一切说给妻子听，妻子说我给你想办法。于是前往附近的一座庙里找了一位高僧，来为丈夫舒缓心情。高僧进了门，见了富翁。富翁把自己的情况大致讲了一遍。高僧说：“施主，与人斗富这几年，你可否觉得快乐。”富翁诚实地说：“只有超过他人的一瞬间才感觉快乐，其余的时候都在想办法怎么对付他人，很累。”

“那是高兴的时候比较多，还是累的时候比较多。”

“累的时候多。”

“这便是根源。”高僧笑着说。

“施主和别人竞争的时候，心中含着‘贪嗔痴’这三种情感，心中饱含着不满足、不甘心、不放弃这三种情绪，而且，每天的愿望执着至此，背负着这么沉重的负担，又怎么会感到开心呢？你每天从早到晚都在工作，无时无刻不在琢磨怎样打败对手，身体早已疲惫不堪，又怎么会感到开心。”

富翁摇摇头：“那我现在把所有对手都打败了，为什么依旧不快乐？”

“真的吗？你真的把所有富翁都打败了吗？”高僧问他。

富翁回答：“是的。”

“不，你没有。”高僧斩钉截铁地说。

“还有谁？”富翁突然眼中放光地问道。

“施主你自己！你打败了所有人，看似你已经没有了产生‘贪嗔痴’的理由，但当你打败所有对手时，你却又陷入另一个漩涡：你会想要一个对手，你讨厌没有对手的生活，你执着于你的愿望。这难道不是另一种贪嗔痴吗？”富翁恍然大悟。

其实我们每个人都是一样，自己的愿望没达到，就会不停地追求，达到了，就会给自己定下另一个愿望，自己不断给自己设置一个又一个漩涡，不停地从这一个跳到另一个，在自己给自己定的范围内打圈，从来没想过放下这一切，放下欲望，放下追求，放过自己。让自己的心不再随着身体四处奔波，让心灵得到哪怕片刻的休息，达到一种无我的境界，不去想身边的高与低，好好地看着自己，望着自己的心，跟着自己的心走下去。

这个世界有最大的东西吗？有最高的东西吗？有最快乐的事吗？有最伤心的事吗？没有，因为总有东西会刷新你的认知。就像我们常说的

“没有最好只有更好”，像球王贝利踢进第一千个球时，有人问他最满意的球是哪个，他却坚定地说：“下一个。”

没错。这个世界没有永远保持巅峰的事物。所以我们也不应该陷入攀比的怪圈，如果你要攀比，那你这一生可以一直攀比下去却依旧没有结果。但是如果你沉迷攀比，当你老了以后，回首往事，发现自己一生都在竞争，却从没有停下来享受过生活，那时的你是否会有悔恨呢？

无论你是谁，永远都不要忽视自己的内心，永远不要羡慕那些与你生活无关的人。如果你想要快乐，记住，“无”时无烦恼，“无”时便快乐。

人生大快乐

人生最大的快乐是什么？是学富五车还是腰缠万贯？是名扬四海还是万人尊崇？不是，这些其实都不是。人天生就有着一种占有欲和进取欲，所以我们所欠缺的就只有两个字：知足。这世界上懂得知足的人很少，因为我们总有羡慕的对象，我们的邻居、我们的领导，甚至一些与我们毫不相关的人。

当一个人的生活可以满足温饱的时候，他又想着怎样可以变得富庶起来。当一个人小有名气的时候，他又会想着怎么样可以名扬四海。当一个人已经牢牢掌握一种知识之后，他又想着如何触及另外一门学科。当然，这并不是错误的，但是我们应该掌握一个度，不能毫无节制而且不知满足。

知足其实不仅指物质方面，也指精神方面。物质方面，即对现在的生活状态进行一种客观对待，当你觉得现在的生活算得上是温饱的时候，我们如果可以稍事休息，安安心心地坐下来，喝口茶，陪陪自己的家人，这就是知足。

至于精神方面，最典型的表现就是对现有精神状态不满意，想要寻找一些刺激。大多数情况下，当人们在很长一段时间内重复做同样的事，过着同样的生活，看着同样的人，难免会生出一种想要寻求刺激的想法，这其实是可以理解的，但为什么有的人可以克服，有的人不能克服，结果导致自己做出一系列诸如婚外情、赌博、吸毒等出格的事情呢？就是因为那些可以克制自己的人，能够说服自己的心，这也是知足。

佛家讲求舍弃贪嗔痴，按照佛家的思想，放弃贪嗔痴这三种欲望，就会得到快乐，而事实上，确实是这样。

曾经有一个中年人觉得自己生活很不如意，为什么呢？因为他打拼到现在，生活也仅仅是能够维持温饱，房子不算大，车子也不算好。他觉得自己努力打拼这几年，几乎完全没有效果，而且，如今的他对自己家庭也失去了信心。妻子开始一天天的变老，失去了往日的光彩，而自己的孩子也很淘气，考试成绩也不是很好，这些都让他烦恼。

于是有人建议他去佛寺找一位禅师诉一下苦，或许会得到开解。中年人听从建议，找到一位老禅师，将自己的烦恼悉数告诉给他，老禅师看了看他，面露迷茫：“施主为什么不高兴呢？”

中年人一听，愣了一下说：“您难道没听到刚才我说的吗？”

老禅师说：“我听到了，所以我才问。”

中年人也觉得有些奇怪，不知道该说什么。

这时老禅师接着说：“既然施主不想理那些事，不如就在敝寺住一个月，到时候我再与施主分解。”中年人爽快地答应了。

刚开始的几天，中年人在寺里待得很舒适，觉得什么都不需要想，什么都不用去理。没有妻子在耳边啰嗦，没有孩子在周围聒噪，他非常高兴。可是过了这几天，他的笑容渐渐少了，他想起了公司未处理完的事情，想念自己贤惠妻子，想念自己可爱的儿子，想自己温馨的家，想和他们团聚。但他之前已经答应了禅师要在这里住一个月，所以也只能硬着头皮坚持下去。到了最后那几天，他几乎如坐针毡，迫不及待地想要回家。

此时禅师出现在他的面前，笑着对他说："施主之前觉得自己的生活总是不如意，觉得自己是天下最可怜的人，但是据老僧所见，施主的境遇已然不错。既有可以爱之人，也有爱你的人，更不是居无定所，无家可归，而且，有妻子孩子环绕身边，施主又有什么不满足的呢？"中年人听后面露愧色，向禅师一拜便急忙下山去了。

禅师的做法可谓高明，很多人往往就是这样，在一个环境呆得久了，不仅会觉得无聊，而且会觉得这是理所当然，所以就想追求更新更好的东西，而这恰恰是人最可怕的地方。

就像一个楼道中的灯泡，当昼夜亮着的时候，人们不会注意它，只是单纯地觉得它就应该是亮着的。但，当有一天它不在发光的时候，你才会发现它的价值。人也是这样，所以我们才说："失去了才懂得珍惜。"因为他们不再属于自己，到那时我们才会用一种客观的目光去看待它，而这时很多人才会发现自己的愚蠢，觉得后悔不已，可是一切都已经无法追回。

因此，要想获得人生的大快乐，我们就要学会知足，学会控制自己的贪欲，时常客观地审视一下自己的生活，要珍惜感恩自己现在的生活。

又有人说，满足和追求可以同时办到吗？当然可以，这取决于你怎样看待你现在的生活，学会知足，只是让你用一种感恩珍惜的态度看待现在的生活，这是一种心灵上的享受，并不是意志上的消磨，更不影响你追求更好的生活。

人生大快乐，就是一种心灵深处愿望得到满足时的状态，只要我们对自己现在的生活抱有一种满足、感恩、珍惜的态度，那么又何愁找不到人生的大快乐呢？